U0382487

尼罗河流域国家水资源关系展望

Prospect of Water Resources Relations in the Nile River Basin

[埃及] 艾哈迈德・赛义德・纳贾尔 著
杨玉鑫 译

中国社会科学出版社

图字 01－2019－3270 号

图书在版编目（CIP）数据

尼罗河流域国家水资源关系展望/（埃及）艾哈迈德·赛义德·纳贾尔著；杨玉鑫译．—北京：中国社会科学出版社，2019．3

ISBN 978－7－5203－4294－0

Ⅰ．①尼…　Ⅱ．①艾…　②杨…　Ⅲ．①尼罗河流域—水资源管理—研究
Ⅳ．①TV213．4

中国版本图书馆 CIP 数据核字（2019）第 067536 号

مياه النيل: القدر والبشر

أحمد السيد النجار

دار الشروق 2010 ©

出 版 人　赵剑英
责任编辑　范晨星
特约编辑　仙　慧
责任校对　夏慧萍
责任印制　王　超

出　　版　中国社会科学出版社
社　　址　北京鼓楼西大街甲 158 号
邮　　编　100720
网　　址　http://www.csspw.cn
发 行 部　010－84083685
门 市 部　010－84029450
经　　销　新华书店及其他书店

印　　刷　北京君升印刷有限公司
装　　订　廊坊市广阳区广增装订厂
版　　次　2019 年 3 月第 1 版
印　　次　2019 年 3 月第 1 次印刷

开　　本　710×1000　1/16
印　　张　9．75
插　　页　2
字　　数　135 千字
定　　价　48．00 元

前　言

尼罗河的名字不仅与她悠久的历史有关，而且与她灿烂的文明和充满魔幻色彩的神话故事有关，这些神话故事展现出了在人类文明的长河中，河流、土地与人类之间的关系。尼罗河是古埃及文明的起源和象征，代表着世界上独一无二的埃及，几乎独立地哺育了人类最早的古埃及文明。

关于尼罗河历史、传说在《布兰肯霍恩》《阿莱特》《拉什迪·赛义德》《贾马尔·哈姆丹》《休谟》《克雷格》《桑福德》及《布鲁克斯》这些书中均有记载。降落在尼罗河流域，还没有流入主河道就流失的水，占降雨总量的92%，在基奥加湖的沼泽地区、杰贝尔海沼泽、尼阿姆河、加扎勒河以及马查尔沼泽蒸发的水平均每年达到5000亿立方米，通过在水损耗区域修建水利工程项目，可以使尼罗河河水足够供应沿岸的每一个国家。尼罗河水文地理环境的意义，在许多已经出版的书中都有介绍，也是埃及国内很多学术期刊文章研究的重点。本书围绕尼罗河河水紧缺和埃及所占份额的争议日趋加剧这一状况进行研究，以期打破目前由于流域国家在没有征得埃及及苏丹框架协议的同意下擅自用水而造成的僵局，也是为了通过对尼罗河河水合理使用、改变灌溉方式、调整作物结构来优化对尼罗河河水的使用机制，使尼罗河水资源得到最大限度利用。

尽管尼罗河河水的重要性、汇水总量以及河水的使用情况是我这次写作的动机，但是除此之外，在灵魂中有更深层次的东西将我与尼罗河紧紧联系起来，她是属于原始的、淳朴的，用土地、农业、水、滨海等更深层次的语言所构成的东西。因为我们没有把脊背托付给河水，而是在尼罗河中学会了游泳，我们虽然得了血吸虫病但同时也得到了药。我们习惯了接受因下海而违抗父母命令的家庭惩罚，就像卡夫尔·霍林在《我们的小村庄》提到的那样，我们被挂在像女孩头发一样柔顺的树枝上，惩罚后，我们又去嬉水，我们梦到水精灵，因神话中精灵的故事而心灵颤抖。我们用传说中的河水诉说着美丽富饶的土地，收获了小麦、棉花、玉米、树木以及伟大的埃及所拥有的所有丰富资源，我们让尼罗河河水变成我们成功或失败的狩猎剧场。我们互相炫耀着自己伟大的祖先，他们创造了震惊世界的古埃及文明，露出人类良知的曙光，他们讲述了关于尼罗河的起源和洪水的神话故事，并且强调了需要保持尼罗河河水的纯净度，他们用神话故事给尼罗河增添了神秘感，把洪水与著名的伊西斯的眼泪连接起来，讲述了美神哈索尔与荷鲁斯之间的亲密关系，而这种关系体现了王位继承的合法性，同时也是复仇的象征。

尼罗河在埃及人心中的地位是神圣的，尼罗河作为我们地球上最伟大的河流之一，在世界上占有崇高的地位，是古埃及（法老）文化的摇篮，也是古代世界最璀璨的文明之一。从伟大的尼罗河流域开始，埃及人敲响了历史开端的钟声，创造了延续数千年的文明。尽管在那时埃及人能够组建世界最发达的社会，拥有先进的知识、技术和相对发达的经济水平，但是依然遭到野蛮的游牧民族的袭击和破坏："hakkhasot"是古埃及语，意思是外国统治者，但是埃及人民没有被击垮，而是起义赶走了入侵者并把他们从世界的记忆中抹掉，这就给埃及文化增添了巨大的民族自豪感和英雄主义色彩。埃及人来到尼罗河河谷外建立了由非洲的中部直到幼发拉底河的伟大帝国，幼发拉底河被认为是反向河，因为她由北流向南，与尼罗河的方向正好相反，尼罗河被埃及人看作万物的起源，与她不同的都被认为是相反的，尽管事实上尼罗河是唯一由南流向北的大河，其他的大河都是由北流向南。

尼罗河是目前世界上最长的河流，长度达到 6820 千米，跨越了不同气候区，发源地有两处：第一处是热带高原湖区，属于热带气候区，一年中九个月有降水；第二处是埃塞俄比亚高原，属于季节性热带气候，每年降水期为四个月，即降水集中于春季且多为集中性暴雨。尼罗河流经热带地区，跨越距离达到了 2521 千米，从阿特巴拉河口直到开罗以北三角洲地区，构成了一个狭长的有常绿植被和丰富动物资源的山谷，流经三角洲地区之后尼罗河分成两支：拉希德和杜姆亚特，最终注入地中海，在流经埃及三角洲时通过数千年的沉积形成了尼罗河淤泥，也形成了接近暖温带气候的地中海气候。这条永恒的河流通过漫长的旅程从非洲的中部直到地中海，其间流经四个不同的气候带，即赤道南纬 4 度和赤道北纬 32 度之间的气候区。尼罗河是独一无二的，因为在地球表面上不存在另一条流经多个气候区的河流。

尼罗河流经的国家绝不少于她流经的气候区域，从热带发源地和埃塞俄比亚发源地直到注入地中海，流经布隆迪、卢旺达、坦桑尼亚、乌干达、肯尼亚、刚果民主共和国、埃塞俄比亚、厄立特里亚、苏丹和埃及十个国家，即尼罗河流域包括十个国家，其天然流域的面积从发源地到注入地中海将近 2900 万平方千米，流域居住的人口具有独特性和多样性，有着众多民族和族裔，宗教也多元化，包括伊斯兰教、基督教以及原始宗教。

尼罗河在汇水量上与世界上其他大河相比，被认为是侏儒，亚马孙河的汇水量是尼罗河汇水量的 60 倍，刚果河的汇水量是尼罗河的 14 倍，同样长江、恒河、密西西比河、伏尔加河、多瑙河的汇水量都是尼罗河汇水量的好几倍。这个事实曾影响了埃及人民对尼罗河所创造的伟大文明的自豪感，尼罗河水资源相较于其他大河并不丰富，但是古埃及人民利用有限的水资源，创造了伟大的文明，这是其他大河流域的人民都不曾做到的。

若想尼罗河可以长期流淌，尼罗河流域国家应该制定一些关于合理使用水资源的协议，现如今尼罗河流域国家的人口增长迅速，一些国家由水资源丰富发展到水资源短缺甚至是水资源匮乏，水资源压力的增加导致了冲突，并且有上升趋势，埃及和其他尼罗河流域国家不应该允许这样的事发生，因为这将是所有流域国家的灾难。与此同时可以修建一些增加尼罗河汇水量的合作项目，以增加尼罗河汇水量，增加的水量，由流域国家共同使用，以公正、道德的方式分配尼罗河河水，这是尼罗河流域的国家和人民的共同愿望。

埃及政府对1997年联合国批准的《国际水道非航行使用法公约》持保留态度，拒绝签署任何协议，其中包括埃及对尼罗河河水所占份额的任何审查。原因显而易见，因为埃及人民的生活、工农业、畜牧业，都依靠尼罗河河水。与此同时还从有限的地下水中每年抽出将近50亿立方米的水，此外还使用将近80亿立方米的被处理过的废水，因此埃及没有一滴尼罗河河水可以分配给其他国家。

有关信息表明，埃及花费大量的资金，资助了很多有关尼罗河的项目建设，其中大部分的基础建设项目在20世纪施工且已经完成建设，这一切都为埃及争得了现有对尼罗河河水的占有份额以及取得了阿斯旺大坝的所有权。也就是说，埃及人民是用努力、汗水、资金、斗争、鲜血取得了现有的对尼罗河河水的使用份额，同时埃及对项目建设提供的资金也使尼罗河流域的其他非洲国家受益，例如欧文大坝向乌干达输送电力。

应对能够增加尼罗河收益的项目予以支持，以此来满足尼罗河流域所有国家的需求，增加中上游和注入口国家对尼罗河河水所占的份额。如果埃及要一直遵循保持与尼罗河流域国家伙伴关系的合作方式，就需要提出一个全新的合作方式使其他国家都能满意。建立密集的经济关系网，尤其是在农业领域；与流域国家增加在科技、教育、军事领域的合作。在维护埃及与尼罗河流域国家的关系方面，这些合作的效果是显而易见的。另外，埃及必须提高水资源利用效率，改善灌溉方式，通过采用滴灌而不是漫灌的方式使得每一滴河水都能浇灌到农民种植的蔬菜和水果。节约用水和提高使用效率，重新考虑作物结构，通过合理化使用，节约大量的水资源，把节约的水资源使用在埃及急需的农业发展中。

古今埃及人民为使用尼罗河河水付出了巨大的努力，埃及可以自己掌握属于她的水命运，鉴于将来尼罗河流域的国家对水的需求不断增加以及埃及对尼罗河河水所占份额可能减少的威胁，埃及将采取多项措施，这些都是这本书的核心，我们希望能对埃及在制定水域战略，尤其是在制定与尼罗河流域国家水资源关系战略上做出微薄的贡献。

艾哈迈德·赛义德·纳贾尔

目　录

第一章

尼罗河的起源、传说和流域的水利工程

尼罗河是地球上与众不同的一条河流，这需要从地质学和地理学两个学科进行研究。关于尼罗河的神话故事代代相传，她每年的河水汇水量不同，对于尼罗河的发源地，从古埃及时期人们就存在不同的观点，虽然她一直是古埃及神话传说的中心，但是随着时代变迁，在埃及民间的神话传说中普遍把尼罗河的作用和她的罪行联系起来。

不同的理论对尼罗河的起源有不同的观点，随着河床、发源地、支流的变化，形成了尼罗河目前的形状——这对于认识尼罗河本身具有重要意义。同样，这种认识是了解尼罗河的重要基础，任何旨在增加尼罗河的汇水量和提高流域收益的方法都需要对此有一定的了解。为了使尼罗河流域获得更多降水资源，修建了一些控制尼罗河河水的工程，使尼罗河每年的汇水量与其他年份得以平衡；建设一些项目保护尼罗河河水和上游湖泊免遭消耗、渗透以及在沼泽中蒸发，保护尼罗河河水的质量，在尼罗河流域为农业发展项目选择更好的地点，所有这些都是保护尼罗河河水、增加水流量的机制，使农业能够全面可持续发展。

为了了解目前形势下尼罗河河水的主要特点，必须回到她的起源，如历史上的地质事件、最终形成现在形状的发展历程，尽可能

抓住所有扩大尼罗河的汇水量的可能性。

本书一开始就会介绍尼罗河的地质起源，地质起源包括尼罗河的河床起源、她的年龄、形成过程、发源地的自然状况、河流汇水量以及在未到达河床前消耗河水的原因，提高尼罗河的汇水量，在“尼罗河兄弟”协议的框架下与尼罗河流域国家合作发展尼罗河流域具有建设性的项目。

一　尼罗河的起源

地质学家对于尼罗河的起源非常重视，因为她是人类历史上第一个天然孵化场，也是探索尼罗河发展到今天的形状的演变历程的关键点，关于尼罗河的起源，学者们主要有以下几个观点，下面将简要介绍。

（一）西撒哈拉为尼罗河起源的观点

很多著名地理学家都提倡这种观点，其中马克思·布兰肯霍恩在20世纪初的设想是，根据尼罗河河水的沉积物、西撒哈拉树木化石、具有相同沉积物的东撒哈拉干涸山谷，在那里确实有一条被称作利比亚河的大河从南向北流向埃及境内，距现在尼罗河以西100千米处，它的支流发源于埃及的东部沙漠，这条古老的河流诞生于始新世，持续到渐新世和中新世，在她的末期由于过度地冲刷埃及大地，从而造成了几次坍塌和灾难，有了埃及现在的尼罗河河床。[①]

地质科学家特奥多拉莱特提出了下面这种观点，假想利比亚尼罗河或“布兰肯霍恩”尼罗河从南延伸到喀土穆，其中包括所有的努比亚支流，因此从这个意义上来说，尼罗河也可被称作努比亚—

---

① 杰马伦·哈姆达尼：《天才的位置研究》，新月出版社，第142页。

利比亚河，但是她没有连接埃塞俄比亚支流。从始新世到渐新世，海水在埃及的土地上泛滥，造成了坍塌，形成了长长的裂口，一些河水流到现在尼罗河的位置，把利比亚尼罗河的河水引到现在的河床，与此同时，利比亚尼罗河消失了。[①]

（二）关于现代尼罗河的形成的观点

利比亚尼罗河就像现在尼罗河的父亲或者祖父，起源于现在的尼罗河脚下。布鲁克斯、忽由木、克雷基认为埃塞俄比亚淤泥层的平均厚度达到了 10 米，可以确定现在尼罗河的河流系统诞生于约公元前 12000 年，即从冰河时代结束开始，埃塞俄比亚淤泥的沉积速率达到每年 1 毫米，即每一千年 1 米，埃及的埃塞俄比亚土层的平均厚度达到了 10 米，考虑到侵蚀、风化等因素，淤泥沉积的年份不超过 14000 年，即从公元前 12000 年开始。

在公元前 12000 年，尼罗河就形成了现在的样子，河流的水源来自当时东撒哈拉沙漠的暴雨，在埃及形成了尼罗河河床，留下的沉积物的厚度达到了 13—17 米，尽管埃塞俄比亚尼罗河的水域延伸到了埃及，连接了尼罗河，但现代的尼罗河延续了埃及尼罗河的河床。[②]

但是尼罗河巨大的河床、谷地、高大的河岸和农业用地都集中在西岸，很多的疑问都让我们难以理解和相信，是东撒哈拉沙漠的河水形成尼罗河的河床。

尼罗河作为水道在东部沙漠和西部沙漠之间有着较低的线形地形，那么是如何形成的这个较低的线形地形？是由于扭曲和破碎形成的吗？

---

① 埃米尔·路德维希：《尼罗河……河流生活》，阿德尔译，埃及图书总局 1997 年版，第 49 页。

② 拉什迪·赛义德：《过去和将来尼罗河水的起源和使用》，新月出版社 1993 年版，第 47 页。

（三）扭转起源观点

扭转起源观点，主要是由拜登、忽由木、桑福德等学者提出。在渐新世时代，由于在古大陆甘德兰的土地上发生了巨大的破裂，这个破裂出现在红海边缘，一直到红海海岸的最高点，大非洲槽的边缘产生了一个不可避免的平衡反应，在纵向轴线上从北到南有一个凹形扭曲，平行于尼罗河谷地，是红海高地的平衡器。它成为雨水和支流的聚集地，发展并形成了现在这种形态的尼罗河。

（四）破裂起源观点

尼罗河的破裂起源观点认为一系列的地球运动导致了破裂，这种破裂使尼罗河谷地铺展形成了三角洲。而三角洲是大量破裂形成的框架，一直延伸到尼罗河，在尼罗河留下沉积物，逐渐形成现在这种形态。

尼罗河洼地的破裂起源观点在埃及被很多人接受，提出这种观点的学者主要有肯霍恩、阿莱特、拉西迪等人。

二 尼罗河连接热带和埃塞俄比亚发源地观点

有很多关于尼罗河如何连接埃塞俄比亚和热带发源地的观点，其中一个观点认为尼罗河来自西蒙博托湖，最终注入乍得海的加扎勒河，在大撒哈拉的空谷中向北流去，最后从东北穿过提贝斯提山脉注入地中海。

另一种观点是尼罗河源于巴勒斯坦，从位于红海附近的入海口注入亚丁湾附近的印度洋。

有很多连接埃塞俄比亚高原和热带高原湖区的支流在西边和她汇流，从而导致西部支流连接了尼罗河流域。

另一种观点认为青尼罗河和阿特巴拉河都是独立的河流，在流入红海之前注入西奈半岛附近的地中海，这个观点在地质学上被证明是不可能的，因为红海要追溯到渐新世时代，在上新世末期才与印度洋连接起来。

约翰·保罗提出了相对完整的高坝湖观点，该观点认为：加扎勒河流域分别从南部引入了杰贝尔的水，从东部引入了索巴特的水，从北部引入了青尼罗河和白尼罗河的水，最终形成了一个巨大的湖泊。地质学家对其大小和延伸的预测有所不同，最远的估计是从朱巴的东部森林延伸到喀土穆北部的斯波坎峡谷，长度不超过1000千米，面积达到了250000平方千米。在这个区域的特征是高蒸发率，在渐新世时代地表水每天蒸发3毫米，现如今的湿度下为每天5毫米，该湖泊曾因蒸发损失了很多水量，因此缺乏外部洪水创造河流的能力。支流携带的黏土沉淀，同样创造出土壤肥沃的空间。斯波坎峡谷已经坍塌，可能是因为湖底积累的淤泥在数年后溢出斯波坎峡谷，也可能是因为从20000—25000年前开始，维多利亚湖的湖水改变了流入该湖泊的流向，使得该湖泊汇水量剧增，还有可能是因为湖泊水位升高给斯波坎峡谷造成了巨大压力，导致出现裂缝，来自湖泊的水通过峡谷流出并接通了埃及的尼罗河河水，而尼罗河大约从21000年之前就开始为迎接新成员的加入做了准备。[①]

杰马伦·哈姆达尼博士总结道，尼罗河大约最早诞生于上新世时代，最远的南部发源地是湖泊或者是被偶尔抬高的斯波坎峡谷，而斯波坎峡谷构成了这个地区水域的分割线。在当时，阿特巴拉河是唯一一条不属于埃及的支流。在上新世时代，苔丝湖覆盖在埃及土地上的面积有时会很大，因此一部分属于埃及的尼罗河河段消失了，但是其余的属于埃及的尼罗河河段在中新世时代的海湾崩溃后

① 杰马伦·哈姆达尼：《天才的位置研究》，新月出版社，第142页。

又于更新世时代全面复苏。从埃塞俄比亚和热带发源地到注入地中海这一神奇的路线形成了尼罗河现有的形状，自从成为最初的源头而驯服埃及尼罗河以来，埃塞俄比亚淤泥的不断沉积形成现在的形状。[①]

由公共工程和水资源部专家代表的埃及灌溉学院同意最新的尼罗河起源与发展的观点。[②]

无论尼罗河诞生的阶段和解释的观点如何，她的出现都留下了印记。她不是由一个河流系统发源的，而是由多个河流系统合并形成的，但现在她却是一个独立的河流系统，这就是我们接下来要分析的问题。

三角洲北部的湖泊，那里原本是海湾，而尼罗河的支流从此地注入大海。随着这些支流淤泥的持续堆积，海湾在一定程度上减少了与海洋的联系，从而变成了狭窄的海峡，其主要补给来自尼罗河支流的淡水。[③]

抛开尼罗河及其湖泊的形成是一种地质事件这一观点，去观察尼罗河发源地河流的本质，可以看出其发源地给予了埃及水和生命，造就了人类文明的摇篮。

三　尼罗河的发源地在热带和埃塞俄比亚高原

在非洲的中部，赤道与其以南两度之间，有一座叫穆凡毕鲁的火山山脉，海拔4500米。尽管它位于赤道附近，但是巍峨的山脉顶峰仍有白雪覆盖，从而构成了两个非洲“水帝国”发源地之间的

① 杰马伦·哈姆达尼：《天才的位置研究》，新月出版社，第142页。

② 穆斯塔法·穆罕默德·卡迪等：《埃及尼罗河灌溉史》，公共工程与水资源部，第33页。

③ 杰马伦·哈姆达尼：《天才的位置研究》，新月出版社，第220页。

分界线，即尼罗河和刚果河的分界线，刚果河发源于山脉的西山脚下，汇水量是尼罗河的 14 倍。东山脚下是暴雨洪水的发源地，组成三支支流，共同形成了卡基拉河，最后注入维多利亚湖，这个地区的居民把卡基拉河称为“金雅河之母”，金雅河靠近尼罗河，是从维多利亚湖流出的一条河流，流经里布和欧文两个瀑布。该地区属于卡基拉河流域，卡基拉河流域的国家有卢旺达、布隆迪、乌干达、坦桑尼亚，这些国家的人民幸福地在这里生活，都认为最后注入维多利亚湖的卡基拉河是金雅河的母亲。

如果卡基拉河是尼罗河的起源河，那她的三条支流都会争先佯装成为尼罗河的第一个源头，但是里夫伏支流源于坦噶尼喀湖的东部地区，从 2000 米的高度流下，与尼罗河所有支流相比该支流来自最南端，位于南纬 4 度，距地中海尼罗河出海口 6820 千米。埃米尔·路德维希[①]认为这条支流可以被看作尼罗河的第一个源头。

除了卡基拉河，还有几条河流从东部和东北部注入维多利亚湖，最主要的有塞米由河、鲁纳河、马拉河。卡基拉河是注入维多利亚湖的所有支流中最大的一条河流。注入维多利亚湖的所有支流的总汇水量约为 180 亿立方米，在这些支流流经的区域雨水所占比例不超过 8%。

至于湖泊本身，是由于某次重大的地质事件而形成的一个大约 67 平方千米的湖泊，是世界上面积第二大的淡水湖泊（仅次于北美五大湖中的苏必利尔湖），湖泊的东部是肯尼亚著名的乞力马扎罗山的高原，乞力马扎罗山被认为是非洲最高的山脉，她的西边是姆佛毕鲁山和怒赞里山。

在湖泊表面的降雨体积，达到了不可思议的 1000 亿立方米，[②]

---

① 埃米尔·路德维希：《尼罗河……河流生活》，阿德尔译，埃及图书总局 1997 年版，第 49 页。

② 拉什迪·赛义德：《过去和将来尼罗河水的起源和使用》，新月出版社 1993 年版，第 128 页。

它是所有湖泊雨水汇水量的总和。但是湖泊并不深，平均深度为40米，[①] 是亚洲贝加尔湖深度的四十分之一，在淡水储备方面则排在世界第二位。

由于维多利亚湖的湖面变宽，平均每年损失将近945亿立方米的水，它的湖面面积为67000平方千米，直接降落在湖面的雨水体积为1000亿立方米，平均深度为40米，这又在尼罗河系统和湖泊系统中形成一个独立的水系。

在维多利亚湖的最东边靠近赤道的顶端，坐落着里布瀑布和欧文瀑布，维多利亚尼罗河源自维多利亚湖，该地被乌干达地区的人们称为里布瀑布，这里有从瀑布上掉落下来的直径300米的巨石，[②] 这是第一个用尼罗河命名的地方。

维多利亚尼罗河每年的汇水量将近235亿立方米，然后向北注入卡基拉河，卡基拉河其实是一片巨大的沼泽，其深度不超过6米，连接着数个深度不超过3米的沼泽，周围有芦苇包围，上面覆盖着三叶草植物。在卡基拉河及其连接的沼泽上的水资源将近80亿立方米。肥沃的流域是由来自地处湖泊以北的乔恩山的支流形成，乔恩山的海拔高达4000米，东北部支流来自南边，注入名为萨尔斯堡湖的大沼泽。萨尔斯堡湖与其东端的基奥加湖相连，最小的支流源自毗邻维多利亚湖高地的北部，最后注入基奥加湖。

除此之外，因为维多利亚尼罗河的汇水量高达235亿立方米，所以基奥加湖的汇水量为425亿立方米。由于湖泊及其连接的沼泽的表面增宽，因此湖泊及其沼泽的面积约为6270平方千米，蒸

---

① 埃米尔·路德维希：《尼罗河……河流生活》，阿德尔译，埃及图书总局1997年版，第47页。

② 穆斯塔法·穆罕默德·卡迪等：《埃及尼罗河灌溉史》，公共工程与水资源部，第49页。

发损失掉约200亿立方米，剩余225亿立方米的水，[①] 它是维多利亚尼罗河的汇水量，可以说维多利亚尼罗河、基奥加湖及其沼泽在尼罗河包含的湖泊水系之内一起构成了一个独立的湖泊水系。

维多利亚尼罗河的水流从基奥加湖出发时速度减缓或者维持成一个湖泊的形状[②]，因此这个地区的土地梯度系数急剧下降，之后直接接触年轻的尼罗河，河床由300米变窄到6米，冲击着岩石块的中心，至少证实了尼罗河在这个地区的破碎式发源的观点，然后从40米高的默奇森瀑布下落，形成毛毛雨、蒸汽等神奇的场景，在热带太阳光照的反射下产生彩虹，充满魔幻色彩。之后与尼罗河流经的又那里贾拉斯相汇合，河水流速变慢，沉淀减少，这就是维多利亚尼罗河的情况，经过一条充满活力距离又很短的河流，此后注入蒙博托湖，当地居民把它称为卢坦齐加。

蒙博托湖是汇集尼罗河热带水源的中心，除了维多利亚尼罗河注入该湖，还汇集了来自穆弗比热山的湖泊西南边的支流，源自穆弗比热北山脚的几条支流注入爱德华湖。至于乔治湖，汇水量是由几条山洪汇集的小支流构成的，支流来自鲁文佐里山脉的东坡，山顶覆盖白雪，当地的居民把它称为月亮山，海拔高度为5000米。[③] 同时湖泊接收的部分水资源来自另外一些源自南部高地的支流，向北注入湖泊的南部[④]。

爱德华湖和乔治湖连接着卡加运河，由于爱德华湖和乔治湖水平面的差异使得卡加运河的流向发生变化，从而增加了湖泊的失水量，以及乔治湖和卡加运河的沉淀量。从爱德华湖本身来说，它的

---

① 穆斯塔法·穆罕默德·卡迪等：《埃及尼罗河灌溉史》，公共工程与水资源部，第49页。

② 埃米尔·路德维希：《尼罗河……河流生活》，阿德尔译，埃及图书总局1997年版，第38页。

③ 同上书，第49页。

④ 穆斯塔法·穆罕默德·卡迪等：《埃及尼罗河灌溉史》，公共工程与水资源部，第50页。

水流方向是乔治湖的方向而不是尼罗河的支流塞姆利基河的方向，来自乔治湖和爱德华湖、流经塞姆利基河的汇水量将近230亿立方米。

乔治湖、爱德华湖和连接它们的卡加运河一起形成了一个独特的湖泊水系，增加了两湖之间水流双重趋势的独特特征。

至于塞姆利基河，它沿着鲁文佐里山脉的西部斜坡从南向北流淌，接收了来自乔治湖和爱德华湖的230亿立方米水资源，以及将近150亿立方米的降水资源，流域孕育着鲁文佐里山脉西斜坡的下游湖泊。

塞姆利基河每年将约39亿立方米的水注入蒙博托湖，而它自身又接收了来自其流域将近25亿立方米的水资源，该流域是由来自鲁文佐里山脉北坡的洪水形成的，也接收着将近38亿立方米的降雨。因此这个大湖泊的水资源总汇水量约为328亿立方米，每年蒸发量为63亿立方米，因此每年来自蒙博托河最北端的净汇水量约为265亿立方米。[①]

蒙博托河的长度约为200千米，是一条平静的河流，适合航运。蒙博托河蒸发掉5%的水源，使得在乌干达和苏丹边界上的尼莫尔镇的汇水量达到将近252亿立方米。尼罗河在尼莫尔附近由北向东转弯90度，因为岩石通道河床变窄只有70米，所以形成一个汹涌的洪流，来自东部的阿斯瓦的河流增强了它汹涌的气势，然后尼罗河的河床压在弗莱瀑布上，在那里尼罗河进入苏丹国界，名字成为杰贝尔，在这个地区接收48亿立方米的雨水和洪水直到苏丹的曼尼亚镇，河流的斜率系数逐渐减小直至几乎消失，水流在盆地和湖泊散开，之前阶段形成的整个流域变成了一个不会渗漏的水世界。简而言之，尼罗河进入深度不超过6米的坝区，因此形成一个面积为6万平方千米的大沼泽，与维多利亚湖的面积接近，其中布

---

① 艾哈迈德·赛义德·纳贾尔：《从大坝到托斯卡》，第30页。

满了泥巴和植物。这个沼泽位于南部的三角洲，马拉卡勒在其东北部，马查尔湖在西北部。[1]

因为注入这个大沼泽，尼罗河损失了150亿立方米的水源，同样在尼阿姆流入尼罗河之前也损失了将近5亿立方米的水源，从河湾流入尼罗河时也损失了将近20亿立方米的水源，也就是说尼罗河在这个大沼泽总共失去了将近175亿立方米的水。在马拉卡勒，尼罗河平均每年从这个大沼泽通过宰拉夫海和杰贝尔一共流出150亿立方米的水源。[2] 加扎勒河流域每年的汇水量达到了151亿立方米，在沼泽蒸发、渗出和沉淀后就损失掉了其中大部分，每年只有将近5亿立方米的水到达了白尼罗河。[3] 加扎勒河流域是一个独立的水系，在沼泽失去大部分水资源之后用有限的水资源连接着尼罗河。

值得一提的是目前的怒湖、杰贝尔的沼泽，特别是宰拉夫海与杰贝尔之间的三角洲，很有可能是到斯波坎峡谷为止的旧坝湖的一部分，正如我们之前提到的，它覆盖了白尼罗河本身的区域。

热带高原湖区用155亿立方米的水资源连接着在马拉卡勒的白尼罗河，其中有150亿立方米的水资源来自宰拉夫海和杰贝尔，5亿立方米来自加扎勒河，尽管水量巨大，但依然无法与尼罗河热带发源地的降水量相比，只占其热带发源地降水量的9.1%，尼罗河热带支流流量达到了1686亿立方米。

如果我们先放下热带高原湖区转至埃塞俄比亚高原。巴鲁河源自埃塞俄比亚高原的南部，每年的汇水量约为134亿立方米，源自埃塞俄比亚高原南部的索巴特河与巴鲁河之间的沼泽损失将近40亿立方米的水源，因此这条支流注入索巴特河的水量约为

---

① 埃米尔·路德维希：《尼罗河……河流生活》，阿德尔译，埃及图书总局1997年版，第99页。

② 艾哈迈德·赛义德·纳贾尔：《从大坝到托斯卡》，第31页。

③ 同上书，第30页。

94亿立方米，源自高原南部和苏丹境内的皮博尔河注入索巴特河的水量约为28亿立方米，一些小型支流使得索巴特河有限的水量得以延伸，每年索巴特河的汇水量约为135亿立方米，注入白尼罗河。因此马拉卡勒的白尼罗河每年的汇水量为290亿立方米，其中有155亿立方米的水来自热带高原湖区，另有135亿立方米来自索巴特河。至于白尼罗河，分为三部分：第一部分从怒湖开始到索巴特河的注入地，这部分的长度约为123千米。这一部分的河流水位很低，有很多沼泽，每年的蒸发量约为165厘米，即每天的蒸发量为4.5毫米。第二部分从马拉卡勒开始一直到距它北部358千米处，河面的面积为425平方米。第三部分从距马拉卡勒北部358千米处开始直到喀土穆，河流流域面积拓宽到850平方米。夏季的白尼罗河的水量减少，河流深度为4米，在汛期河面成倍增加至4300平方米。[①]

在汛期白尼罗河的河面宽广，使它更接近湖泊，让人想起高坝湖理论，包括白尼罗河和高坝湖附近地区的河面面积广阔，这个地区河流的流速变慢和河面面积的增加与流域的坡度下降有关。由于河流表面变宽和蒸发量增加，在马拉卡勒和喀土穆之间的流域每年蒸发掉160亿立方米的水资源，随着喀土穆南部海拔高达4千米的奥拉亚山水库的建立，每年的蒸发量增加到将近190亿立方米。[②]

无论如何，到达阿斯旺的白尼罗河的水量在高达290亿立方米的水资源蒸发后，已不足240亿立方米。[③]

短河小阿巴亚河发源于海拔2700米的埃塞俄比亚高原的北部，确切来说是吉什洼地，向西流去随后又转向东北塔纳湖方向——引用埃米尔·路德维希的说法，小阿巴亚河的确配得上“青尼罗河之

---

① 穆斯塔法·穆罕默德·卡迪等：《埃及尼罗河灌溉史》，公共工程与水资源部，第65页。

② 拉什迪·赛义德：《过去和将来尼罗河水的起源和使用》，新月出版社1993年版，第21页。

③ 艾哈迈德·赛义德·纳贾尔：《从大坝到托斯卡》，第32页。

母”这个称谓。[①] 虽然有将近30条河流注入塔纳湖，但小阿巴亚河是其中最大的，尽管它的水资源有限。小阿巴亚河流入心形的塔纳湖，塔纳湖面积达到了3100平方千米，坐落在海拔1800米处，奇怪的是小阿巴亚河河水进入湖中后以泾渭分明的形式向北方流去，以至于埃米尔·路德维希认为它们的水没有混合。[②]

塔纳湖的最南端接近乔治半岛，是青尼罗河真正开始的地方，被命名为大阿巴亚河，每年的汇水量将近380亿立方米。然后在大转弯处又转向东南方向，在转向南方之前绕着古吉姆山，后又向西。在汛期时，河流凶猛有力，在其80千米流程内下降1300米，这个陡坡给予河流很大的威力，使得它能够带动大量的淤泥，故而在汛期河水颜色变深，得名青尼罗河。

在青尼罗河的陡坡处自然容易形成大瀑布，例如从塔纳湖泊流出50千米后形成一个大瀑布。埃塞俄比亚人把这些瀑布命名为“坦咀塔”，即燃烧的火焰。他们信仰尼罗河，认为她是神，就像她在古埃及人心中的地位一样，信奉尼罗河是古埃塞俄比亚人主要的宗教信仰，她是世界之光及其眼睛，她也是和平之神。

青尼罗河流域多半是洼地，河水冲刷着火山，围绕着高约1500米的高山流淌，由于流域内地势险恶，因而有800千米很难进行勘探，[③] 在进入苏丹境内接近苏丹小镇法马卡时，青尼罗河遇见成百条源于附近水源的河流。因此，埃米尔·路德维希说青尼罗河最重要的来源不是之前多次改变流向的流域，而是被称作“百条洪流”的这些河流。[④]

青尼罗河从发源地到塔纳的长度为940千米，在接近希拉

---

① 埃米尔·路德维希：《尼罗河……河流生活》，阿德尔译，埃及图书总局1997年版，第167页。

② 同上书，第171页。

③ 同上书，第174页。

④ 同上书，第411页。

伊德里斯小镇时与丁德尔河的一条支流相遇。这条支流发源于埃塞俄比亚高原北部西山脚下的青尼罗河，是苏丹水资源重要的一部分，在与青尼罗河的汇集处，每年的汇水量为30亿立方米。然后在接近瓦达马丹镇时又遇见另一条重要的支流拉哈德，它从丁德尔河平行于青尼罗河流向北方，与丁德尔河一样发源于埃塞俄比亚高原的西北部，每年的汇水量将近10亿立方米。

整理有关青尼罗河所有汇水量的资料，发现在喀土穆，青尼罗河每年的汇水量将近540亿立方米，在这个极热的热带地区，由于不同的自然因素蒸发损失后进入阿斯旺的水约为480亿立方米。青尼罗河的长度从它的发源地塔纳湖到喀土穆尼罗河主河的注入口，将近1617千米，水面海拔为500米，汛期深度在9—12米之间波动不定。[①]

在埃塞俄比亚流域，青尼罗河的倾斜度每一千米达到1.5米，在苏丹流域为每8000米达到1米，[②] 从而使得她的河水流动非常强劲且快速，尽管处在极热的热带地区，除了蒸发掉的些许水量之外几乎没有其它水量损失。

在苏丹首都喀土穆青尼罗河和白尼罗河的交汇处的河床中央有一名为“土堤”的小岛，青、白尼罗河在此合二为一，称为尼罗河，一直向北流向埃及。由于两条河上游水情及地质的不同，两条河水一条呈青色，一条呈白色，汇合时泾渭分明，水色不混淆，平行奔流，犹如两条巨龙，堪称一大景观。

至于喀土穆以北的主河，向东北前进在阿特巴拉镇迎接它的支流阿特巴拉河，阿特巴拉河是尼罗河最后一条大支流。河流的名字

① 艾哈迈德·赛义德·纳贾尔：《从大坝到托斯卡》，第33页。

② 拉什迪·赛义德：《过去和将来尼罗河水的起源和使用》，新月出版社1993年版，第44页。

意为“黑河”，源于在汛期河水由于携带大量的淤泥使得河水的颜色较深。

阿特巴拉河源于埃塞俄比亚高原的北部，它有两条重要的支流，分别是斯蒂特河和塞俩目河，从发源地到注入阿特巴拉河长 1215 千米，此后又跨越长 514 千米的阿特巴拉河直到在苏丹的阿特巴拉镇遇见尼罗河主河，该镇位于喀土穆以北 310 千米。斯蒂特河发源于埃塞俄比亚塔纳湖东部，它承载着阿特巴拉河的大部分淤泥。第二条支流是源于塔纳湖北部和西北部的塞俩目河。苏丹阿特巴拉镇的阿特巴拉河每年的汇水量约为 120 亿立方米，有 115 亿立方米的水资源进入阿斯旺。[①] 阿特巴拉河与青尼罗河一样是季节性河流，枯水期河床上形成一个个水塘断流，河水不会流入尼罗河。洪水期可通航，含沙量大，两岸贫瘠。

之前提到有大量的降在尼罗河流域但没有进入河床的雨水，进入了尼罗河支流和富含营养的湖泊，这部分水资源有将近 2528 亿立方米。在基奥加湖、维多利亚湖、杰贝尔湖和马查尔湖的沼泽以及其他地方因蒸发、沉淀损失掉了大部分，维多利亚湖损失水源的主要原因是湖面增宽以及蒸发率提高。至于其他地区，河床坡度较低导致了河水流速缓慢、沼泽地区河水分散，尼罗河因蒸发、沉淀损失掉大部分水资源，所有这些原因导致了河水在到达阿斯旺时只有 840 亿立方米。河水的损失是一件遗憾的事，因此修建了很多水利工程，其主体思想是增加尼罗河的汇水量，以公平的方式分配河流收益，造福流域的所有国家。我们将在本书的最后一部分呈现这些内容。

---

① 穆斯塔法·穆罕默德·卡迪等：《埃及尼罗河灌溉史》，公共工程与水资源部，第 63 页。

四 尼罗河下游的埃及（河口国家）：人类文明的摇篮

流入尼罗河的水在流到阿塔巴拉河河口时都会减少，河流由北向西以每小时几千米的速度向前流动，在经过一个急转弯之后转为向西南流动，到达距阿特巴拉城760千米的栋古拉城后又转向北流动，这一段的河面宽400米，河水蒸发速率为每天8毫米。尼罗河在栋古拉城每年的汇水量为856亿立方米，哈尔发洼地在苏丹境内，由栋古拉到位于苏丹境内的哈尔发洼地的距离为450千米，之后进入埃及。尼罗河不仅进入干旱的沙漠，而且早在公元前12000年之前就创造了人类文明，在公元前5000年这里的人就开始书写历史，他们给这条河取了名字，而且在河流周边创造了人类文明，直到今天依旧影响着人类。在埃及和苏丹边界有两座神庙，这是最美的古埃及神庙，表现出埃及人的聪明和智慧。这两座神庙是石头雕刻而成，不是用砖砌的，埃及人为了纪念法老而建造了这些宏伟的建筑，古埃及人的艺术令人赞叹。这些伟大的人在国家的号召和领导下创造出令世人惊叹的奇迹，他们的后人在埃及建造的阿斯旺大坝，在人类历史上也绝无仅有。我们将在下一节谈到。

根据两座神庙的位置和角度，每年只有春分和秋分这两天阳光才会照在神庙内法老雕像的脸上，这体现了自古以来埃及科学家所提倡的精确和严谨。这两座神庙是埃及古迹的开始，大多数文物遗址都分散在河两岸，其中包括卡拉布沙神庙和伊齐神庙。尼罗河通过几座瀑布连接着阿斯旺，河水充满活力和生命力，河流进入阿斯旺给其增添了神奇的魔力。从喀土穆到阿斯旺仅有1847千米，尼罗河的倾斜度为平均每6.5千米倾斜1米，[①] 这个倾斜度使水流很

① 拉什迪·赛义德：《过去和将来尼罗河水的起源和使用》，新月出版社1993年版，第45页。

快，而且不分散。

阿兰丹岛位于尼罗河的西岸，阿斯旺的前面，在修建大坝以前，是一座瀑布。现在在阿兰丹岛，一座花岗岩坝为尼罗河劈开了一条道路，使其之后不受阻碍地一直流向地中海。由于当时人们知识的匮乏，古埃及人认为尼罗河源于瀑布地区的地下。随着科技的发展，古埃及人知道尼罗河发源于埃及以外的南方。但人们仍然妄言说尼罗河来自瀑布地区的地下，来自“永恒之水”努纳神，他曾淹没了整个世界，这种妄言主要是由于尼罗河在古埃及人心中崇高的地位，古埃及最古老的神是努纳神，他被认为是埃及生命的赐予者。此外，古埃及人认为尼罗河是来自瀑布地区的地下是因为人们不能接受尼罗河来自埃及以外的地方。

尼罗河继续北上，河岸遍布着古埃及文明的遗迹。在阿斯旺和卢克索之间的艾德夫城保存着截至目前遗留下来最完整的古埃及神庙——霍夫神庙，在艾德夫城北边，尼罗河进入了达达拉，在达达拉有女神哈索尔神庙。尼罗河在卢克索前 161 千米处进入科姆·奥博德，在奥博德有专门祭拜索贝克神的神庙，索贝克的形象为鳄鱼，因在那个地区打击邪恶势力而受到人们的敬仰。尼罗河进入阿斯旺前的 53.5 千米处途径伊斯纳城，该城位于尼罗河西岸，城内有祭拜哈努姆神的神庙。[①]

之后，尼罗河到达埃及新王国时期的首都努阿姆城，新王国时期始于约公元前 1550 年，当时在整个世界都非常著名，直到外国的入侵导致国家灭亡。努阿姆城有成百个大门，作为城市名称由来的努阿姆被古埃及人认为是世界万物产生之前唯一的神，他自己创造了自己，创造了真理和公正之神，他是天堂之王和火神。[②]

当人们随着尼罗河到达古埃及的另一座首都托一本（现在的卢

① 哈桑：《如何看待上埃及的影响》，先进出版社 1963 年版，第 16 页。

② 穆罕默德·阿卜杜拉·卡得：《卢克索遗迹》，埃及图书总局 1982 年版，第 5 页。

克索）时，会被城市雄伟的遗址所震撼，在这里有古代世界三大遗迹之一。站在卢克索神庙可以俯瞰尼罗河，这座神庙坐落在尼罗河东岸，由阿蒙霍特普三世修建。在尼罗河到达东岸之前也流经神秘的卡纳克神庙。卡纳克神庙在古埃及时期名字是布拉阿姆，即阿姆的家。在法老时期被人们所知，后来又改名为艾伯特苏坦。[①]

卡纳克，意思是一个村庄，同时还是伊拉克南部一个国王宫殿的名字。在卡纳克建造很多神庙是因为古埃及人认为卡纳克神庙的位置是被水淹没的土地的一部分，众神在其上面建造神庙，这里是世界上最神圣的地方。[②]

在尼罗河的西岸，拥有埃及最大的宝藏，同时也是全人类的宝藏。这里有法老时期国家公墓，包括帝王谷、王妃谷、贵族坟墓、殡葬神庙，拥有无与伦比的法老时期文字、壁画、莎草画、雕像、壶和其它器具等。

很多人都试着去探索尼罗河这个名字，以及探寻着围绕永恒的尼罗河创造的无数神话传说，很多人认为她是世界的中心，她的发源地是世界的起源。尽管“尼罗河”这个名字的确切起源已无法考证，但是可以在古埃及的历史、神话中寻找线索。埃及人在一些歌曲中唱到尼罗河是众神之父，这是从“永恒之水”努纳神借来的名字，“永恒之水”努纳神被认为是那个时代最古老的神，尼罗河名字源于此。[③] 阿斯莫尼理论认为“永恒之水”努纳神是世间万物的起源，它包括所有的创造元素。当河流毁灭性地淹没所有事物时“永恒之水”神出现了。因此，在古埃及人看来“永恒之水”努纳神是众神的起源。当我们提起努纳这个词的时候很有可能会想到尼罗河，正如我们上面提到的，它是尼罗河的起源，它是“永恒之

---

① 穆罕默德·阿卜杜拉·卡得：《卢克索遗迹》，埃及图书总局1982年版，第15页。

② 同上书，第20页。

③ 阿道夫·阿曼：《古埃及宗教》，穆罕默德·安瓦尔·舒克译，埃及图书总局1997年版，第18页。

水”的神。

埃及人把尼罗河的起源归于“永恒之水”努纳神而不是降落在其起源地热带的雨水，这要归结于在尼罗河河谷的处于人类社会形成初期的古埃及不允许有这种解释的存在。古埃及人坚持认为尼罗河发源于埃及境内，河水来自“永恒之水”努纳神，主要有两个原因：第一个原因是努纳神赋予了尼罗河神圣性，因此古埃及人带着虔诚和敬意同尼罗河相处，把她看作埃及的生命线，尤其是每当河水干涸雨水缺乏，都把她看作大自然的馈赠，所以要保护河水的纯净性免遭污染；第二个原因是埃及人不接受他们的生命线即尼罗河发源于他们神圣的土地以外的地方，尽管事实与此相反。因为不能说尼罗河发源于埃及内地，只能说她是来自“永恒之水”努纳神，或是发源于可以作为源泉的瀑布地区，因为埃及人认为瀑布上泡沫的出现暗示着由于现代大坝的修建而被淹没之前，尼罗河的发源地就在那个地区。

至于古埃及人给从阿斯旺到开罗这段尼罗河的命名，过去是“أترو-عا”，古埃及文字意思是“伟大的河流”，从中产生了现在使用的阿拉伯语单词“运河”，被命名给尼罗河的一条小支流。尼罗河在法老时期曾是国界线和不同民族、信仰的分界线，因为她的发源地瀑布地区是现在埃及和苏丹的边界。什阿蒙曾说：满盈尼罗河河水的国家是埃及，在阿尔文岛之后的流域喝尼罗河河水的人是埃及人。[①]

古埃及的众神与尼罗河相关，根据尼罗河的状况和埃及人的需求，众神被详细划分。如果说“永恒之水”努纳神是尼罗河的源头的话，那么以伟大的公羊的形象出现，端坐在阿斯旺对面的神庙中心的卡农，则是古埃及对于尼罗河发源于瀑布地区地下这一观点的

① 埃米尔·路德维希：《尼罗河……河流生活》，阿德尔译，埃及图书总局 1997 年版，第 453 页。

崇拜对象。对他的朝拜仪式是在其面前从罐子里倒出含有他名字的水。

至于欧宰拉（著作中通常引用其希腊语的名字：奥西里斯），他是古埃及神话中的冥王，也是植物、动物和丰饶之神，古埃及人曾把他和尼罗河联系在一起，认为尼罗河是他的一部分或者是他本身，这从拉阿曼西的《拉美西斯四世》中对欧宰拉的崇拜可以推断出来："尼罗河一直都非常伟大，众神和人类在她河水的滋养中生活。"在公元前12世纪的另一首与欧宰拉有关的歌曲也表达了同样的意思，歌曲唱道："你就是尼罗河，尼罗河起源于你手中的汗滴。"[①] 冥王欧宰拉的双手掌管着世间一切的生死，他洗清自己的罪恶，说道："我没有弄脏尼罗河的河水，我没有阻挡她的流淌，我也没有堵塞运河。"[②] 可以肯定的是尼罗河的污染来自罪恶，这表达了埃及人保护尼罗河的决心，足可见尼罗河被埃及人看作是生命、财富的起源。

尽管上述提到的所有重要的神都与尼罗河有关，但是最著名的一个尼罗河神是"哈比"，一些人把他音译成哈比，是通过把英语字母"H"译成阿拉伯语字母"ح"，这种译法不太准确，因为他的名字来自字母"ه"。不管怎样，哈比不仅是尼罗河的河流，而且是"尼罗河的灵魂和流动着的珍珠，他起源于努纳的洪水。洪水哈比被描绘成一个有两个乳房并且破腹的人，他是埃及一切美好的来源，他的颜色是绿色和蓝色（洪水的颜色），他赤裸的身体，长长的秀发就像是一个在沼泽地的渔夫。在埃及神话中掌管洪水的神是一切生命的保障，众神之父哈比给整个埃及带来了粮食，他以自己的方式带来了给养，给所有人带来了快乐，他是独一无二的，他自己创造了自己，没有生物知道他的本质，自他离开洞穴的那天，所

---

① 詹姆斯·亨利：《良知的黎明》，塞利姆·胡塞尼译，埃及出版社，第111、112页。

② 埃米尔·路德维希：《尼罗河……河流生活》，阿德尔译，埃及图书总局1997年版，第453页。

有人都很快乐”。

神话中提及的哈比的洞穴是在阿斯旺附近的峡谷里，神发出洪水将淹没埃及高地（这里的洞穴指的是瀑布地区，埃及人认为尼罗河发源于瀑布地区的地下）。在靠近开罗的地方有一条叫哈比的河流，它可以调节洪水造福于埃及下游。宗教仪式每年都在这两个地方举行，人们向河里投放动物、水果、吉祥物作为祭品以激发尼罗河的力量来保护他们，同时也放置女性雕像以激起尼罗河的欲望，因为埃及地区经常洪水泛滥。

甚至古埃及的伊西斯神也都与尼罗河的洪水有密切的联系，伊西斯的丈夫欧宰拉死在邪恶之神西塔的手上，伊西斯因为悲伤流了很多的眼泪，人们把邪恶之神西塔描绘成驴或者猪的模样，红色是他的代表色。古埃及人每年都在双鱼月，也就是6月，过“眼泪之夜”这个节日，以纪念伊西斯因她的丈夫死于西塔神而悲伤不已流下的眼泪，神的眼泪导致洪水的发生。神话中与尼罗河的洪水有关的最著名的古埃及神有两位，一位是荷鲁斯，神话中通常将他描绘成天空中雄鹰的样子，他是伊西斯的儿子；另一位是乌祖雷斯，二者都是神话中著名的英雄。

哈索尔名字的意思是荷鲁斯的家，因为她是天空中的女花神，她也是爱神、美丽之神、快乐之神、音乐之神、埃及桑树和无果树的主人，同时也是战争女神。哈索尔的主要祭拜地是在丹达拉市（她的神庙保存至今，是古埃及保存下来的最重要的神庙之一），哈索尔是荷鲁斯神的妻子，荷鲁斯神的神庙在艾德夫，他的神庙建于托勒密时代，是迄今为止埃及保存的最伟大的神庙。哈索尔每年只能在阿比布月看望荷鲁斯一次，阿比布月是在7月下旬8月上旬，哈索尔怀着真挚的感情见荷鲁斯，埃及人把这次相聚称为“美好的相会”，相聚的时候同时是尼罗河洪水开始的时候。

在对埃及有重要影响的神话传说中，并没有关于尼罗河洪水的传述。在文学作品和歌曲中，有许多体现尼罗河的神圣以及尼罗河对埃及和埃及人民的伟大贡献的内容。

在《金字塔的镶嵌》中与洪水有关的欢快的歌曲唱道：

那些看到尼罗河洪水的人都在颤抖（害怕）

田地在笑，尼罗河的桥梁淹没了

然后神的筵席已经摆好，人们的面孔充满欢喜，神内心喜悦①

这首歌曲的另一处唱道：

荣耀属于你，发源于地下的尼罗河，向埃及传达福音

当国家充满欢乐时

你流出的水，灌溉了农田，养育了百姓

如果你迟到了，生活的巨轮将会停下

如果解决国内的恐慌让你愤怒

鱼、小麦、大麦和玉米

你创造了一切美丽的事物

青年人和孩子们高兴快乐

他们热爱你——伟大的国王②

古埃及富有诗人气息的哲学家塞内卡谈及尼罗河的洪水时说道："她是快乐的，流淌在水下的桃花谷低地，城市就像尼罗河洪水中的岛屿，显现出来。除了小船外，没有任何东西能渡过这片海。"

尼罗河整年都在变化，这在有关法老的文学作品和神话传说中

① 赛丽姆·哈桑：《古埃及文学……法老文学卷》，在戏剧、诗歌和艺术的第二部分，今日新闻集团 1990 年版，第 80 页。

② 布尔汉丁·丹龙：《埃及和伊拉克的文明……经济—社会—文化—政治历史》，法拉比出版社 1989 年版，第 141 页。

都有传述，这也成了尼罗河的特点，尤其是严酷的七年干旱期。

第三王朝国王祖塞尔时期的皇家法令中有这样一段记载（大约公元前2800年），讲述的是尼罗河为期七年水位降低引发的饥荒。法令写道：

> 别在意，我了解你。坐在尊贵的宝座上，我感到忧伤，那些在宫殿里的人，他们的心因一些事情而感到悲伤，七年的干旱还没有完，粮食缺少，水果干瘪，所有需要河水的东西都变得匮乏，很多人开始偷同伴的事物。孩子哭了，年轻人在等待，中年人的心感到悲伤。他们的双腿弯曲，站在地上，手臂弯曲。国王的侍从感到困苦。神殿和宫殿的门紧闭，里面什么都没有，除了空气，一切都是空的。

法令在另一处补充道：

> 水的中央有一座城市，尼罗河发源于此，名为阿尔文。她是最初的起源，“快乐的生活”是她住处的名字，“两个洞穴”是水的名字，从这两处涌出的都是美好的事物。

国王取得阿尔文的主人和水神卡农的欢心，神说道：“我卡农是你的仆人，我知道尼罗河什么时候开始给田地供水，尼罗河的水给予生活所有需要的东西，为了你，尼罗河将永不干涸，灌溉周边的土地，植物在茁壮生长，信徒们将会实现他们内心所期盼的，多年的干旱会消失，田地将充满希望，替代他们心中的将是比之前更多的东西。”出于水神卡农所做的一切，国王决定将在阿斯旺农田产量的十分之一供奉给卡农神庙。①

---

① 詹姆斯·理查德编：《近东古代文选》，第一部分，文化部古迹管理局1987年版，第115页。

如果没有尼罗河，整个埃及境内将没有任何水源，因为其它水源都被蒸发了，从公元前5000年到现在，尼罗河在农业灌溉中一直发挥巨大作用，这也是埃及农业生产最重要的保障。

五 尼罗河与世界其他大河的汇水量

尽管尼罗河是世界上最长的河流，流域宽广，但是她的水流量与其长度和流域面积相比就少了很多，如果与世界上其他大河如亚马孙河、刚果河、密西西比河、长江、恒河、伏尔加河和多瑙河相比的话，尼罗河的水流量真的太少了。

如表1所示，尼罗河的水流量每秒将近3000立方米，每年的汇水量达到了946亿立方米。汇水量最大的河是亚马孙河，它从南美洲西部的安第斯山脉注入大西洋，长度为6280千米，流域面积达到了690万平方千米，它的水流量为每秒18万立方米，每年的汇水量将近5.7万亿立方米。巨大的汇水量使得亚马孙河在注入大西洋时，把咸的海水向后推去将近160千米，使得在注入口这一段的水是淡水或者半咸半淡。

表1 尼罗河与世界其他大河的比较

河流	长度（千米）	发源地	注入地	水流量（万立方米/秒）	每年的汇水量（亿立方米）	注释
尼罗河	6820	非洲的埃塞俄比亚高原和维多利亚湖	地中海	0.3	946	是世界最长的河流，在埃及地势较低地段，孕育了人类文明

续表

河流	长度（千米）	发源地	注入地	水流量（万立方米/秒）	每年的汇水量（亿立方米）	注释
亚马孙河	6280	安第斯山脉	大西洋	18	56765	包括五条淡水河，在注入海洋的地方使海水退后160千米
刚果河	4370	沙巴地区流经坦噶尼喀和马拉维两个湖泊	大西洋	4.1	12930	以扎伊尔河之名而被熟知，扎伊尔在非洲尼撒语中意为河流
恒河	2506	喜马拉雅山	孟加拉湾	3.8	11984	印度的圣河，三角洲面积为5.7万平方千米
长江	5520	青藏高原的唐古拉山	中国的东海	3.4	10722	在农业和运输中具有重要作用，是中国的象征
密西西比河	5985	伊塔斯卡湖	墨西哥湾	1.8	5677	来自两个单词，“ميسي”意思是大的，“سيبي”意思是水
伏尔加河	3350	莫斯科西北部的瓦尔代山	里海	0.8	2523	“ماتوشكا”用俄语即为慈祥的母亲，在运输中起重大作用
多瑙河	2860	德国黑林山	黑海	0.7	2208	

资料来源：联合国教科文组织，1983年9月。

至于刚果河，该河起源于扎伊尔沙巴高原，“扎伊尔”在非洲尼撒语中意为河流，从发源地刚果民主共和国（原扎伊尔）的沙巴地区经过坦噶尼喀和马拉维两个湖泊最后注入大西洋，长度将近4370千米，流域面积达382万平方千米，每秒的水流量将近4.1万立方米，平均每年的汇水量为1.293万亿立方米，是尼罗河每年汇水量的14倍，除此之外还有阻断刚果河流域的瀑布，其中有占世界水力发电潜力40%的水能资源，因此刚果是真正的非洲水王国。亚马孙河水能资源排在世界第二位。

恒河从发源地喜马拉雅山到注入地孟加拉湾长度为2506千米，每秒的水流量为3.8万立方米，平均每年的汇水量为1.1984万亿立方米，是尼罗河汇水量的13—14倍。恒河对于印度人来说是条圣河，有两条主要支流，卡克拉河和梅克纳河，梅克纳河有一个巨大三角洲，面积为5.7万平方千米，恒河的流域总面积为173万平方千米。

长江，长度约为5520千米，发源于青藏高原的唐古拉山，注入东海，每秒的水流量为3.4万立方米，汇水量达到了1.0722万亿立方米，是尼罗河汇水量的11倍，长江的流域面积为1800万平方千米，此外在农业和灌溉方面有很大的作用，在中国货运和客运中发挥着重要的作用，长江是中国的象征。

密西西比河，长度为5985千米，发源于北美的伊塔斯卡湖，注入墨西哥湾。每秒的水流量约为1.8万立方米，每年的平均汇水量是5677亿立方米，约为尼罗河汇水量的6倍。密西西比河的流域面积达到了322万平方千米，它的名字来自两个单词，“ميسي”意思是大的，“سيبي”意思是水。

伏尔加河，人们把她称为“ماتوشكا”，在俄语中即为慈祥的母亲，发源于莫斯科西北部的瓦尔代山，注入里海，长度约为3350千米，每秒的水流量达到了8000立方米，每年的汇水量约为2523亿立方米，是尼罗河汇水量的2.6倍，流域面积达136万平方千米。

至于发源于德国黑林山的多瑙河，最后注入黑海，长达2860

千米，每秒的水流量为7000立方米，每年的汇水量为2208亿立方米，即为尼罗河汇水量的2.3倍，多瑙河的流域面积达到了82万平方千米。

从这些比较中可以很明显地看出尽管尼罗河是世界上最长的河流，但是她的汇水量与世界其他大河相比又很少。尼罗河汇水量少于其他大河这个特点应该使埃及人自豪，而不是沮丧，因为埃及人民用有限的水资源创造出令世人惊叹的成就，即创立了道德、神话、宗教、政治和社会制度、商业法则的古埃及文明。埃及人民通过运用尼罗河河水创造了埃及文化，水是一种无法实现文化创意的自然资源，简而言之，埃及人用比其他大河水量少的尼罗河创造了古代世界最先进的文化之一，并给予河流荣耀和神奇的魔力。

六　尼罗河及其支流的主要特征

通过我们以上提到的信息，可以归纳出一些关于尼罗河及其支流的特征，我们把这些特征归于以下几点。

第一，尼罗河及其支流不是一个水系，而是由很多独立的水系和湖泊组成。

在之前的内容中我们已经指出尼罗河支流水系是独立的，如卡基拉河及其有独立水系的支流、维多利亚湖和基奥加湖、乔治湖和爱德华湖、塞姆利基河、蒙博托湖、山湖、加扎勒河、索巴特河以及白尼罗河。至于青尼罗河和阿特巴拉河，他们与尼罗河主水系有更深的联系，简单地说是因为他们所有的水都流到尼罗河主河道，所以在建造大坝之前，就形成了尼罗河主河流的基本形状。

由于尼罗河流域湖泊及其支流水系是独立的，全面利用尼罗河的汇水量是不可能的，除非在每一个湖泊和水系修建一个水利工程，除了我们之前指出的与尼罗河主水系有密切关系的青尼罗河和阿特巴拉河，这些独立的支流水系可以在埃及下游发挥重要的作用。

第二，持续关注尼罗河水系和独立湖泊的问题，即任何一个在尼罗河上游增加汇水量的项目，都要将水引到项目中。例如卡基拉河如果要增加汇水量，就必须建立一个水利项目，以保护维多利亚湖和增加维多利亚湖吸收大量水源的能力，还要建立防止在山湖沼泽地区浪费汇水量的水利项目等。尼罗河上游的水利项目应该被设计成一个综合系统，因为尽管尼罗河是由独立的河流湖泊构成的，但是他们之间是有联系的。

第三，青尼罗河和阿特巴拉河的季节性汇水量使得尼罗河主河汇水量有明显的季节变化，因此在夏季和初秋的埃塞俄比亚汛期河水急剧增长，除这几个月之外的月份，白尼罗河有限的河流水量又快速下降。这种与作物需求不相符的季节性汇水量，是建立控制尼罗河河水的水利项目的基础，并通过在汛期储存水来确保不同时期汇水量的均衡，方便在旱期和汇水量缺乏时期使用。

第四，历史事实证明尼罗河发源地尤其是埃塞俄比亚发源地容易遭遇干旱，有时候又因降水而使汇水量急剧增加，简而言之就是汇水量具有不稳定性。据记载，汇水量的最大值是在1878年、1879年的阿斯旺，达到了1510亿立方米，阿斯旺汇水量的年平均值达到了840亿立方米。在1894年、1895年、1896年、1916年、1917年、1964年、1988年，阿斯旺的汇水量分别是1190亿立方米、1190亿立方米、1140亿立方米、1120亿立方米、1110亿立方米、1090亿立方米、1070亿立方米。相对地，1913年、1940年、1983年、1984年、1986年、1987年的汇水量分别是460亿立方米、660亿立方米、690亿立方米、570亿立方米、700亿立方米、600亿立方米。[①]

汇水量不稳定是尼罗河流域国家饥荒和灾难的根源，无论是源

---

① 1999年公共工程和水资源部数据。

头的埃塞俄比亚还是下游的埃及。如果在河流的汛期储存水资源以便在旱季使用，这对于应对尼罗河汇水量季节性的波动是有帮助的。每年河流汇水量的波动，可以用储存水来解决，储存下来的多余水量在干旱年份使用。阿斯旺大坝被认为是20世纪最伟大的基础设施项目，是尼罗河流域最大的储水项目，这个项目使埃及摆脱尼罗河汇水量波动的影响。埃及上游的苏丹也从这个项目中受益，有更多的水源可以使用，虽然直到今天苏丹仍然会遇到汇水量不足和洪水的侵害。

第五，尼罗河支流和湖泊构成了水系，但是缺点是大量的水资源流失，在未来的地壳运动中会导致河床的变化。这个缺点体现在一些地区河流坡度较小，从而造成在基奥加湖周围的沼泽地区、山湖的沼泽地区、加扎勒河沼泽地区、马查尔沼泽地尤其是在白尼罗河有大量的尼罗河河水的浪费，白尼罗河河床的坡度减小水流减缓，在汛期就像一个湖泊，因蒸发和沉淀损失掉大量的水资源。

同样，乔治湖和爱德华湖两个湖泊因为不存在河床的坡度，河水和他们平行，所以蒸发量和沉淀量增加，导致从爱德华湖流向塞姆利基河的水量减少。维多利亚湖的表面积很大，有67000平方千米，但因为它的平均深度不超过40米，所以每年因蒸发损失掉将近945亿立方米的水资源，这是一个巨大的浪费，导致了从维多利亚湖流向尼罗河的水的总量减少。

很明显，任何一个为了增加尼罗河汇水量的水利项目，都必须先解决尼罗河河床及湖泊的问题，以保存水资源。

七　尼罗河流域水利工程概况

自古至今，在尼罗河流域周边修建了许多大、中、小型水利项目，在提出修建阿斯旺大坝的想法以前，在19世纪40年代穆罕默德·阿里统治时期就修建了很多水利项目。这些项目包括延长运河和加固桥梁，建造闸坝存储水源以便在汛期流入运河。在19世纪完成的那些项目中，有建造之前经过大量研究，在1843年开始建设的三角洲拱门，穆罕默德·阿里要求快速完工，在这种压力下工程出现一些失误，尤其是拉希德分队。拱门在1861年完成，但是由于建造时期出现的失误，致使需要长期对闸坝进行修复。

在尼罗河上修建的最重要的水利项目之一是1898年开始施工的阿斯旺水库，1902年完工，在106米的水位上储水量达到了10亿立方米，1912年得到了提升，此后在114米的水位上存储水量达到了25亿立方米，随着埃及水需求的增加，1944年再一次得到提高，在121米的水位上存储水量达到了50亿立方米。[①] 随着埃及人口的增加以及工农业用水增多，在20世纪40年代又开始考虑第三次提高阿斯旺水库的储水量，使储水量达到90亿立方米，但是这个构想没能落实，因为很多水利专家指出在这么小的阿斯旺水库存储这么多的水将会导致淤积，从而逐渐减少水库的容量，因此这个构想被搁置，另外修建了尼罗河流域其他的水库。

除阿斯旺水坝以外，1902年建造的艾斯尤特闸坝和1906年建造的伊斯纳闸坝也被认为是在尼罗河上建造的重要水利项目之一，此后又得到不断的修缮。同样，1930年建造了纳格哈马迪闸坝，1939年为了加强旧闸坝的作用又建造了新三角闸坝。

1925年，在当时埃及边界的南部，距喀土穆390千米的青尼罗河上修建了森纳尔水库，每年容量达7.81亿立方米，1952年容量达到了9.31亿立方米。此外，为了存储水资源，1937年埃及在喀土穆南部的白尼罗河上建造了始祖山水库，容量达25亿立方米。[②]

由于存储方式单一，使得水库每年无法在洪峰时段存储足够水

---

① 穆斯塔法·马哈茂德·卡迪等：《埃及尼罗河灌溉史》，公共工程与水资源部，第231、252页。

② 艾哈迈德·赛义德·纳贾尔：《从高坝到托斯卡》，第44页。

量在缺水的月份使用，再加上埃及水资源需求的增加和每年尼罗河水量变化的问题，人们开始考虑修建连续存储水库，这一事件在埃及引起了广泛的讨论。

提出的连续存储最重要的方法是储存在埃塞俄比亚湖和热带湖泊的水，即在埃塞俄比亚高原塔纳湖、热带湖泊，用新的方式存储水。自 1920 年起当英国的专家组提出“默多克·麦克唐纳计划”时，这种湖泊式的存储方法就被提出来，埃及工程部工程师设计了一个综合项目来修建连续存储水库。项目包括 1930 年在纳格哈马迪修建的闸坝和 1925 年在森纳尔修建的大坝，还有 1937 年在始祖山为了储存水资源而建造的大坝。以上提到的英国专家组设计的项目还包括没有实施的在乌干达的蒙博托湖泊上建造大坝和在埃塞俄比亚的塔纳湖建造大坝。同样，综合项目也包括为了保护蒙博托的尼罗河河水建造运河，该段尼罗河进入苏丹后被称为杰贝尔，在苏丹南部的大坝和沼泽地区因蒸发和沉淀而损失的水资源占杰贝尔水资源的将近 50%，建造完成后的这条运河被称为沼泽运河或者是琼莱运河。[①]

在苏丹和埃及境内修建的项目已经在埃及的提议下完成。至于在埃塞俄比亚和乌干达的项目，埃及对项目建设并不热心，因为当时乌干达在英国的占领下，在项目实施中会导致英国控制埃及一部分的水资源。当时埃及为实现完全独立与英国进行了激烈的斗争。至于塔纳湖的水库项目，一直都很难实施，因为在那个时期埃及和埃塞俄比亚之间并没有建立稳定的外交关系。

研究连续存储的水利项目和保护埃及免受洪水侵害的需求，迫使埃及政府组建由公共工程部的灌溉专家组成的专家委员会，委员会向部长理事会提交了计划书，其中包括一些为了免遭洪水侵害和尼罗河河水短缺影响的连续存储水利工程，1949 年部长理事会批准

① 艾哈迈德·赛义德·纳贾尔：《从高坝到托斯卡》，第 44 页。

了这个计划书，除了在阿斯旺蒸发损失的水量，这些项目将储存接近 132 亿立方米的水资源，净汇水量将由埃及和苏丹平分，报告指出这些项目将花费约 1.22 亿埃镑。

埃及工程部在与乌干达达成实施协议后，开始这个项目，并与乌干达一起在基奥加湖对面的维多利亚湖的北出口建立欧文瀑布水坝，一方面可以给乌干达发电；另一方面可以在维多利亚湖给埃及储存水资源。大坝已经建成并开始给乌干达发电，但是还没有开始在维多利亚湖给埃及储存水资源，因为湖泊在储存水资源时水位会上升，可能导致淹没土地、民居以及基础设施等。所以这需要肯尼亚和坦桑尼亚等国的同意以及埃及提供必要的补偿。

阿斯旺大坝是在尼罗河流域修建的最伟大的项目，是人类与河流关系史中最重要的篇章，因为它改变了埃及人民的命运，使它能够控制毁灭性的洪水。这个巨大的水库，结束了从法老时期到今天每个世纪都会重复出现的旱涝循环。

第二章

阿斯旺大坝和埃及的战略转型：从顺从到驯服尼罗河

1999年8月，国际仲裁机构成立，其中包括一些著名的国际建筑公司和工程承包公司、大型建材生产企业、政府部门的负责人以及建筑期刊的主编。在新罕布什尔州西部选出的20世纪十大建筑中，阿斯旺大坝被评为20世纪最伟大的建筑工程。该大坝给人类的生活带来巨大的积极的影响，以安全、有效的形式为埃及人民提供了饮用水和灌溉用水，成为埃及能源需求的重要来源，在连续几年尼罗河汇水量减少的情况下，纳赛尔湖储存了大量的水资源能够满足埃及的水需求。从古埃及时期至今在尼罗河发源地每个世纪都会发生一次七年干旱周期，导致了农业生产力下降，需要以新的方式开垦耕地。由于这个项目，苏丹能够全年控制尼罗河河水并解决一年汇水量短缺的问题，但是至今苏丹仍然面临着破坏性洪水的威胁。在与世界上第一座摩天大楼帝国大厦竞争后，阿斯旺大坝获此荣誉，帝国大厦是建筑史上的奇迹，20世纪初在格兰德河上建造的博尔德水坝也同样堪称伟大，格兰德河发源于美国，穿越国界到达墨西哥注入墨西哥湾，博尔德水坝的建成，是水坝建筑的突破，标志着水坝建筑进入新的阶段。

阿斯旺大坝从建成至今有着很高的国际声誉和巨大的历史作用，它将尼罗河驯服，这一节的内容将介绍这个伟大的国家项目。

一 尼罗河的特点促成了阿斯旺大坝的建成，埃及是历史最悠久的民主国家

在前一节中我们介绍了尼罗河作为季节性河流，汇水量每年波动，因此在流域修建了很多水利工程，这些项目的建设是为了保障尼罗河的汇水量和免受洪水的威胁，我们在上一节中简单地提到过。

在建设阿斯旺大坝以前，尼罗河沿岸大部分水利项目储水的方式都非常单一，于是人们开始思考持续储存水的方法，关于尼罗河连续储水的项目，存在广泛争议。

当埃及工程部在准备河水储存项目时，在农业部门有一个叫阿德里安·丹尼诺斯的工人，他是希腊裔埃及人，在努巴地区工作，他根据对尼罗河的了解和这里的地质状况，提出了一个富有想象力的天才想法，就是在阿斯旺南部的狭窄地区建立一个大坝，地势变高使埃及能够储存雨水和防止洪水的破坏，他相信储存大量的水可以在尼罗河汇水量减少时使用，且从大坝的下游排水时能产生巨大的电能。这个天才想法并没有任何地理学依据，纯粹是想象出来的，就像第一个提出修建大坝的阿拉伯科学家哈桑·本·海因一样，只有依靠这个时代杰出人才丰富的想象力，否则不可能建成这么雄伟的大坝。由于丹尼诺斯的想法没有科学依据，因此没有得到埃及政府和工程部的重视，它们把研究重心转移到埃塞俄比亚湖泊和埃塞俄比亚塔纳湖储水项目。因为政治、经济、技术各方面的原因，这个项目有很大的争议而被忽视，阿德里安·丹尼诺斯的建议也完全被忽视。但是丹尼诺斯要比哈桑幸运，不仅是因为他生活在一个可以给建造大坝提供所需技术的时代，也因为在 1952 年埃及发生了革命，从政治领域延伸到经济、社会领域，因此开始重视尼罗河持续储水项目研究。在研究中，政府发现丹尼诺斯在几年前提

出的在阿斯旺建造大坝对埃及来说是最好的选择，其中包括控制尼罗河河水，储存水和规范用途的项目。

政府修建大坝有很多原因，首先考虑的是在湖泊连续储水，之前介绍过。最重要的是在埃及独立修建阿斯旺大坝，而不是在英国的帮助下修建大坝，因为那个时期英国占领尼罗河上游国家乌干达。湖泊的储水量和阿斯旺大坝的预期储水量相比是有限的。因此拟建水坝拦截的洪水将形成尼罗河的大部分汇水量。通过在阿斯旺修建大坝拦截洪水以代替在热带湖区和埃塞俄比亚塔纳湖泊建立大型项目拦截洪水，这样对埃及来说更好，在湖泊建立大量项目拦截洪水将减少埃及的预期汇水量，大部分的预期汇水量都是通过在埃及境内修建的阿斯旺大坝实现的。

修建大坝也与财政收入和独立有关，因为阿斯旺大坝可以发电，革命政府认为必须兴建工程项目，发展埃及经济。而且通过修建阿斯旺大坝，埃及可以实现全年农业灌溉，而不是现在的周期性灌溉，还可以在储水区域捕鱼。需要指出的是，修建高坝并不和上游的湖泊项目冲突，基于成本考虑，埃及只能修建一个项目，所以选择了修建阿斯旺大坝。

1952 年 10 月 8 日，革命还没结束，革命委员会颁布决议开始研究阿斯旺大坝项目。重要的是，在对技术、国内外经济状况进行了大量的研究之后，各方就该项目在经济和技术方面的可行性达成共识，这个项目只有在世界上最古老的民主国家才能建成。虽然临时政府并没有民主政治要求，与此相反的是，埃及总统侯赛因·穆巴拉克 根据初步了解就匆忙下决议将托斯卡地区的洪水释放下来，增加阿斯旺大坝的水量，这成为一个糟糕的决策，在项目中滥用土地，把土地分给埃及和阿拉伯工人，而不是给努比亚的农民和从农业学院毕业的学生。因为上埃及很多努比亚的农民和农业学校毕业的学生非常贫穷。

回到阿斯旺大坝项目，在革命委员会下达决定后开始了各项相关研究，很多来自埃及政府机构的工程师开始在阿斯旺南部地区的大坝拟建区进行深入研究考察，拟建区有一个直接延伸到苏丹的哈勒法谷地的水库。革命政府已经确定了大坝的选址，为了设计大坝邀请了国外专家，他们是：美国水利专家卡尔·特雷斯基、斯蒂尔和洛伦斯·斯特劳布，法国水利专家安德烈·奎因，德国水利专家马克思·布鲁斯。尽管建设阿斯旺大坝的决定在埃及和世界上引起了广泛的争议，但那个时期革命氛围浓厚，经济、政治和文化混乱。1955 年 2 月，世界银行公布了有关建造阿斯旺大坝可行性以及用途的报告。该报告第三项说："世界银行肯定这个项目——指的是阿斯旺大坝这个项目——技术方面成熟，因为它确保了对尼罗河河水最大限度的开发，此外它还被看作对尼罗河河水开发系列项目中最重要的一环。它并不与'永久储蓄'这一项目相冲突，而被看作互补的，因此在热带湖区的持续性储存对减轻旱涝循环性波动发挥了重大作用，至于阿斯旺大坝，对储存洪水发挥着作用，其中包括短期和长期的尼罗河汇水量的波动。其他水利项目由于存储容量不足，无法确保达到阿斯旺大坝项目所保证的灌溉需求，因此阿斯旺大坝能更成功地完成这个职能。"①

工程师尤其是地质学家，1951 年在新德里举行了有关水库的会议，讨论了为储存大量的带有淤泥的尼罗河洪水在尼罗河流域建设阿斯旺大坝的想法。讨论最终得出结论，这个项目可以实施。②

一方面，设计和实施大坝项目的工程师和地质学家们是：

1. 来自马萨诸塞州的卡尔·特雷斯基博士，他是一位在设计水坝上享有盛誉的专家，同样在发展现代土壤科学和工程基础上也获得了很大成功。

2. 斯蒂尔，他是一位来自加利福尼亚州皮埃蒙特的美国专家，

---

① 《国际复兴与开发银行就阿斯旺大坝作出的报告》，开罗，1955 年 2 月，第 3 页。

② 同上书，第 28 页。

是加利福尼亚州旧金山天然气和电力公司的顾问、副总裁兼总工程师。

3. 洛伦斯·斯特劳布，他是来自明尼苏达州的一位美国专家，他是明尼苏达大学圣安东尼瀑布的土木工程负责人和水文实验室主任。

4. 安德烈·奎恩，他是法国专家，在世界不同的国家设计和建造了超过50座大坝。

5. 马克思·布鲁斯，德国人，已参与设计了很多在德国鲁尔区的蓄水水库。

同样埃及政府也采用了卡尔·特雷斯基博士的建议，他在注入水坝地基的现代方法方面非常有经验，包括在沙丘沉积物上建造水坝。[①] 由世界专家组成的委员会批准了阿斯旺大坝项目，支持并拟定了该项目计划。[②]

另一方面，就修建高坝的投资、预期经济收益和后期经济效益等问题，引起国内和国际各方的一些争论，各方一致赞同建设大坝会带来巨大的经济效益。世界银行在1954年11月28日的大坝报告中指出建设大坝的费用包括建设发电站和输电线路的必要支出以及灌溉、排水、土地开垦、居民区、公共设施的建设及赔偿等项目的必要费用，所有费用将达4.6亿埃镑，在当时相当于13.2亿美元。世界银行报告补充到，在当前形势下，尽管项目成本巨大，但项目工程会带来许多经济收益。报告还提到，在整整十五年间水电站预期净收入将达到7400万埃镑，世界银行评估发电站建设成本将达到1.01亿埃镑，约合2.9亿美元，并强调大坝的预期收益主要集中在农业领域。水是限制埃及农业产量增加的一个重要因素，

---

① 《国际复兴与开发银行就阿斯旺大坝作出的报告》，开罗，1955年2月，第29页。

② 陶尔·穆罕默德·阿布·瓦法：《阿斯旺大坝项目在发展——方案和执行方法》，第一部分，阿斯旺大坝部1967年版，第133页。

大坝将提供大量水资源促进农业发展，以及将一季灌溉转化为常年灌溉。预计在大坝建成之后，会使埃及的农作物产量增加45%。报告还指出该工程会改善航运和抗洪，并保证尼罗河河水的全年固定的流量。[①] 根据深入的研究，世界银行在1955年夏季研究得出大坝的金融财政相关结论，指出大坝项目在经济方面是可行的，此评估从经济上肯定了该项目的可行性。

出人意料的是，世界银行虽承认了这项工程的经济效益和技术可行性，但开始质疑埃及能否保证有充足资金投入项目，指出埃及需要约4亿美元外币完成大坝工程，而贷款约2亿美元不会超出埃及的经济能力，世界银行表示准备向埃及贷款，同时指出美国和英国政府也欲参与到此工程建设中，并给埃及提供经济援助。世界银行对埃及融资项目能力的这种质疑，实则是美英两国在向埃及施压，其投资参与大坝建设的背后是强加给埃及的各种经济政治条件，不管是直接强加还是间接通过世界银行给埃及提出的建设大坝融资的条款。已故埃及总统杰麦尔·阿卜杜勒·纳赛尔在他的回忆录（1956年7月26日）中提到这些条款，世界银行主要是想让埃及保证美国和英国资助埃及的外币不会中断，同时世界银行要同埃及政府签署关于投资计划以及国家总支出调整方面的备忘录，世界银行规定埃及政府只有在首先与世界银行签署备忘录后才能承担外债，签署付款协议和项目协议。纳赛尔果断拒绝世界银行提出的这些条款。1956年2月世界银行行长到埃及进行谈判时，他就这些条款对世界银行行长说道："坦白地讲我们在有息贷款方面有难题，由于贷款的原因我们已经面临着被占领的风险，所以我们绝不接受触犯我们主权的任何金钱，您对我们的借贷并不能改善这一问题。"[②] 显然，埃方与世行、美方、英方之间有相互影响，但是在纳

---

① 《世界银行就建设高坝项目的报告》，开罗，1900年2月，第2、4、5页。

② 穆萨·阿拉法：《高坝》，埃及知识出版社1975年版，第42、43页。

赛尔的领导下，埃及并没有做出让步。因为大坝的建设涉及埃及的经济独立，各方都想通过提出的条款来投资大坝，以便控制埃及。

有关大坝的最新经济话题已取代了埃及和世行及其他国家之间的争议，这些话题就是世界各大公司如何根据世界银行奉行的融资政策来竞争参与大坝项目。埃方对此回应称，向豪赫蒂夫及雷顿联合组成的英法德公司联盟授予项目实施合同，将会给埃及节省更多的时间。1957 年 7 月尼罗河水量开始减少，埃及政府不想推迟建设大坝启动工作，因为启动大坝建设工作很容易改变尼罗河河床，所以必须在 1956 年 7 月前签署协议后才能启动工程。埃方也认为实施大坝项目的合同有诸多的国际矛盾，将浪费很多时间，无论在什么情况下，竞争绝不会成为主要问题，因为不管怎样，由于国际矛盾的存在，埃及都将获得资金，其中四分之三用于购买设备和服务。仅有四分之一用于土木工程，其中一部分用来购买原材料，因而只有 11% 用于竞争的公共费用，对此埃方有其灵活性，于是建议美国公司加入更具代表性的“豪赫蒂夫联盟”，以使在所有公司中美国公司来实施项目更具可能性。在咨询了前面提到的世界专家委员会成员美国人卡尔·特雷斯基博士之后，埃方同意此点。但是美方拒绝了此建议，并坚称绝不会参与项目融资，除非在所有想要参与大坝建设的世界公司竞争基础上签署两个建设阶段的合同，因此世界银行被迫撤回之前所述的灵活性立场，促使美国最终参与到了埃及大坝建设的融资中。

埃方与世行、美方之间存在相互影响，埃及政府坚持不在大坝项目实施合同上开启竞争，虽然这件事情不会导致世界银行和西方国家撤回对大坝的资助，但是该合同的实施就像是撤回投资的一种主要手段，这种方式在西方获得了舆论认同。同样，众所周知的是，1957 年 7 月 19 日世界银行撤回了对大坝的融资，苏联与埃及进行了协商，决定向埃及提供建设大坝的技术和资金支持。苏联没有质疑埃及完成大坝的经济能力以及所要面对的财政负担，之前大坝建设启动工程的经济指标都在项目经济及埃及财政的还款能力的范围之内。对于项目经济而言，国际各方和国际企业组织都一致认为该项目有重大经济效益。至于埃及财政资金能力以及偿还建设贷款的能力，西方国家对此表示质疑并找借口拖延该项目的融资，之后撤回了建设大坝的资金。在那个时代，美国，英国毫不掩饰对埃及金融能力的质疑，为达到政治目的而设立的帷幕，在第三世界国家实现了国家独立并奉行独立的对外政策之后就已不是大国能掌控的了，并且与那些国家的愿望和利益也已经不兼容了。

当建设大坝的设想上升到决定实施的阶段时、世界银行和英国提出一个问题：尼罗河是一条国际河流，意思是大坝项目在实施前必须得到流域国家的一致同意。世界银行就大坝项目的报告中提到：埃塞俄比亚以及该区域其他热带湖泊国家——乌干达接受了英国的决定——表示对大坝工程的担忧，但是世界银行就这方面提供的数据表明这两个国家绝不会因此受到损害。报告还补充说，埃及和苏丹应就大坝项目决议签署一项国际公约，由于项目所包含的水库将会淹没苏丹部分领土，因此要求埃及政府遵循给苏丹的赔款协议，埃及和苏丹已经通过协商的方式采取了积极的步骤分配使用额外增多的水源，大坝项目所能带来约180亿立方米水量。1954年年底，埃及和苏丹进行了协商谈判，互相交流了众多意见与建议，但是由于英国的挑拨离间以及当时有些喀土穆人的响应，两国在这一事务上未达成协议[①]。

在1958年2月，双方在边界领土问题上的争议升级，苏丹计划在哈拉伊区举行选举时，埃及时任总统纳赛尔以要在该地区举行全面公投为由，派遣军队进入此地区，但进入不久即退兵。英国利用此机会，点燃了埃及和苏丹之间的紧张气氛，但是埃及克服了这

---

① 《世界银行就高坝建设的报告》，开罗，1955年2月，第47页。

种离间并推延了问题的解决，然后苏丹跨过尼罗河协议所规定的界限，将大量水储存到森纳尔水库，严重损害了埃及农业利益，这件事情引发了苏埃两国间的又一个重大的道德问题，[①] 但是埃及政府考虑到两国人民之间的深厚历史渊源，理应因此减少任何政府的错误，并以耐心灵活解决苏丹越界之事。

尤其可笑的是英国外交部提出在苏埃两国间进行调解，但是埃及总统纳赛尔拒绝调解，因为英国不是可以让其放心的调解中立方，它是造成埃及和流域其他各国间问题和分歧的根源，这些流域国家要么受其统治，要么与其有各种联系。纳赛尔在 1956 年 7 月 26 日的演讲中提到了这点，他说："1956 年 2 月 29 日英国想要帮助我们与苏丹调解，赛尔温・劳埃德（当时英国的外交部部长）来了，我接见了他，他的助理说欲解决我们与苏丹之间尼罗河问题，于是我对他说道：贵国的行为恰恰证明了你们将问题复杂化了，贵国的报纸和广播节目表示苏丹反对大坝，以及英国的广播电台、近东广播电台播出我们与苏丹之间有隔阂的报道，之后喀土穆的使节团将这些记录成册并进行印刷，发放给苏丹人民，意在让我们与苏丹相互仇视，我们要怎样衡量你提出来的苏埃调解呢。"埃及政府从西方的这些企图中感受到了种种挑衅，造成埃及和流域国家之间就大坝项目产生了众多分歧，之后西方国家又表示欲使双方和解。纳赛尔总统在之前的讲演中清楚地指出了这些并提到："在美国发布的一份声明中试图影响埃塞俄比亚和乌干达的政府决策，因为他们重视地区性国家的差异，并寻求美国帮助，于是美国控制了这一地区，他们已达到了这一目的，我们不同意美国插手调解，因为我们与我们的兄弟苏丹人民是互相理解的。"[②]

在艰苦激烈紧张的谈判之后，苏丹和埃及就相关问题签署了谅

---

① 穆萨・阿拉法：《高坝》，埃及知识出版社 1975 年版，第 79 页。

② 《世界银行就高坝建设的报告》，开罗，1955 年 2 月，第 80 页。

解备忘录，关键是1957年11月苏丹军方首领易卜拉欣·阿博德领导的军事政变。这两国签订了推动两国人民友好经贸合作发展的相关协议，苏丹取得了大坝项目基本用水的丰厚福利，而埃及承担了大坝建设的所有成本，包括苏丹人提出的赔偿协议。

不管在什么情况下埃及建设大坝都需要尼罗河流域国家的参与，埃及提出了处理两个或更多国家间的共有河流问题的国际法律依据，并考虑到这些原则是古埃及和现代尼罗河水资源开发项目的国际框架的国际法依据，这部分将在本章后面详细说明。

埃及专家和世界专家对大坝项目相关问题进行研究之后一致认为，最适宜建立大坝的地点在阿斯旺旧坝南6.5千米处，这意味着该地区水位抬高到一定程度就会淹没努比亚村庄以及附近的千年古迹，这些遗迹见证了埃及文明，这是个非常严重的问题。尽管大部分居住在努比亚的埃及人需要迁移到亚历山大，然而，从狭义来说，人类与其故乡联系，意味着他们与居住的乡村或城市将一直在精神、感情以及的质层面相关联，与自然环境同在，难以切断土地和人类之间千丝万缕的联系，建设大坝意味着淹没土地，大坝建成之后，大部分土地将变成巨型湖的湖床部分，过去的居民要远离淹没的土地迁徙到埃及内地新居民区。

对于努比亚和努比亚人而言，虽然处境艰难，但是埃及的整体利益高于一切，包括作为埃及人民一分子的努比亚人都呼吁建设大坝，哪怕是努比亚被淹没、原住民要迁徙。建设大坝要花费大量钱财，尽管对于埃及人而言金额庞大，但是该工程是为了保护从努比亚到亚历山大的埃及免遭旱涝之苦，也为增加农业产量、发电量，服务埃及社会发展等，所有这些都促使埃及轻易解决此事。埃及政府重新安排努比亚人，安排埃及和国际机构来保存努比亚遗址。反例是在穆巴拉克总统时代，埃及政府在核定托斯卡项目以及韦纳项目草案时犯下了一个严重的错误，投资了数十亿资金建设基础设施，通过不透明不公正的方式将土地给了埃及商人，而不是直接给希望回到自己土地上的努比亚人。

二 大坝融资体现埃及人民的决心

埃及与国际金融机构、建筑公司和水坝专家，就技术、政治、经济等问题进行了长时间的探讨，最终决定修建大坝项目，已故埃及总统纳赛尔全力支持高坝项目，高坝成为全体国民的项目，关乎着埃及全体国民对抗干旱和尼罗河流量季节性波动、抗洪、农业扩展、农村发电方面的希望。

埃及人民对于大坝项目非常满意，就像古埃及历史中的其他伟大工程那样。虽然在建设的过程中困难重重，因为修建大坝需要筹集大量资金，估计约 2.1 亿埃镑建设大坝及水电站，如果增加灌溉、排水、改善居民区设施及道路等工程，以及支付给被水淹没土地的人民的补偿等，成本就会上升到 4 亿埃镑。埃及政府很难独自承担这么庞大的费用，促使埃及寻求外来资金来投资建设大坝项目，包括大坝建设所需的进口设备和机器。

起初，埃及向西方国家和世界银行寻求贷款，但是在长时间的谈判后，他们都以羞辱的方式拒绝投资埃及。阿卜杜勒·纳赛尔对西方的这一态度有先见之明，因为他知道这是美国和世界银行的借口，华盛顿和世界银行放弃投资大坝，美国外交部部长于 1957 年 7 月 19 日向埃及驻美国大使转达了这一消息，他说道：

> 美国已经改变了对建设大坝这一问题的看法，对于过去谈判融资一事如今深感抱歉，原因是埃及是世界上最穷的国家之一，不能承担这种大型项目的费用，尼罗河不是埃及独有的，尼罗河流域其他国家有不同看法，这是总统与国会商定之后的决定。

之后，美国外交部于1956年7月20日通过报纸发表声明，并向全世界宣告此事。声明内容如下：

> 美国坚信埃及政府不能提供修建大坝所需的资金，因为修建这种大型项目，偿还债务会使埃及人民过10—12年的艰苦生活。这些是埃及人民所不能承受的，美国政府不希望因此承担责任。[①]

美国拒绝投资建立大坝的事情使埃及人民非常担忧，埃及政府很久之后才回应此事，埃及已故总统阿卜杜勒·纳赛尔在1956年7月26日的回忆录中提到大坝项目融资之事时说道：

> 1952年我们提出了修建大坝设想，对此我们进行了深入的研究，清楚地知道此项目是安全可行的，他将在十年后竣工。我们在融资中遇到困难，联系过世界银行，请求他们能够贷款，我们希望埃及人民能够为融资之事共同努力。但是他们认为有很多阻碍，包括英国和以色列，他们对于我们是否能够融资大坝有分歧，还说“你们没有国会制，所以要求你们征求民意”。我们明白这话的意思是我们绝不会获得银行的帮助，于是我们决定依靠自己，依靠制造企业。我们与德国公司联系，他们说准备投资500万埃镑，德国、英国、法国公司称在短期贷款的基础上每家公司都准备投资500万埃镑。财政部长去伦敦拜见了英国财政部长，对方表示这三家公司准备发放4500万埃镑贷款。之后埃及财政部长去华盛顿，华盛顿同意给埃及4000万美元援助，但这些话都是一纸

① 穆罕默德·侯赛因·海卡尔：《苏伊士文件……三十年战争》，金字塔公司1992年版，第450—452页。

空文。英国方面撤回了此前说过的话，并说道你们去世界银行贷款吧，我们给你们 100 万埃镑，美国会给你们 2000 万埃镑。世界银行说已准备给我们分五年贷款 2 亿美元，我们将在此期间花费 3 亿美元。

已故总统就这一问题在回忆录中记述世界银行贷款条件如下：

第一，世界银行要确信美国和英国投资埃及的资金不能中断。

第二，世界银行与埃及政府就投资问题签署谅解备忘录。

第三，谅解备忘录是关于调节国家公共支出需求的。

第四，埃及政府只能在与世界银行签署谅解备忘录后才能承担其他外债，以及签署任何付款协议。

世界银行要求工程管理局遵守协议。最后如果对此有意见的话世界银行将重新考虑此协议。

纳赛尔还回忆道："后来苏联大使来到埃及，表示 1955 年 12 月之后苏联准备投资大坝，我对他说：我们要与世界银行商谈，将延迟商讨细节。美国人知道苏联的要求，遂致信世界银行行长要求邀请其去埃及。于是世界银行行长来到了埃及，于 1956 年 2 月与世界银行行长商谈，会面时我对他说：坦白说我们有贷款合同以及利息；我们绝不接受任何会侵犯我们主权的钱财。"

纳赛尔补充道："我们必须在 1956 年 6 月启动项目，但是世界银行行长称我们只能在与世行签署协议之后才能启动项目。世行行长说：'你们应该解决与苏丹的水资源问题然后与世行签署协议，但是并不包括美国英国投资的 7000 多万美元。'"

纳赛尔还提到："我们需要 7000 万美元启动项目，我们要求世行贷款 2 亿美元，于是世行向我们提出了它的条件。我们认为要接受世行的条款或者停止项目以防损失财产。这意味着世行要派遣一个人坐财政部长的位置，一位坐商贸部长的位置，一位坐我的位置。这就是他们所设下的陷阱，这是骗我们入囊的诡计，当我们耗尽钱财没有达到任何结果时他们就会控制我们，于是我们决定只有在了解怎样融资大坝，怎么结束，才能启动大坝项目。”

纳赛尔在回忆录中讲道：“6 月苏联外交部长决定访问埃及，同时世行行长也要来埃及，于是我们对他说：我们与谢比列夫（当时的苏联外交部长）进行会谈，苏联将在所有领域不同程度上援助埃及长期贷款，这些都是无条件的。另外补充道：明天世行行长会来，他强调世行在 2 月做出相关承诺后决心资助大坝项目，英国和美国政府也有此承诺。”

纳赛尔在回忆录中提出美国撤回资助并于此后试图怂恿埃塞俄比亚与乌干达甚至苏丹反对此项目，还质疑埃及政府建设这个项目的经济能力。总统提出融资大坝的替代方案：“在 1955 年苏伊士运河收入达到了 3500 万埃镑，差不多 1 亿美元，100 万埃镑是 300 万美元。”另外，“苏伊士运河已成为国家主要收入，埃及股份公司的管理却要依靠外国，依靠殖民者和他们在埃及的代理。今天我们将收回属于我们的权利，我们将以人民的名义宣誓：我们将维护自己主权，我们将失去的东西收回，只有我们摆脱奴役才能筑造尊严自由的大厦，而苏伊士运河就是被奴役、强占、屈服的地方。今天，所有的公民啊，苏伊士运河国有化了，官方报纸刊登了这一消息”。[①]

已故总统杰麦尔·阿卜杜勒·纳赛尔在回忆录中说：“以美国为首的西方国家已经做出选择。”阿卜杜勒·纳赛尔曾努力通过大坝融资加强与西方国家的关系，前提是不侵犯埃及主权。但是西方国家认为埃及就是一个普通的发展中国家，依然保持着陈旧的殖民主义心态，因为埃及在政治和经济上都没有追随西方国家，所以不愿参与到这项伟大的工程中。阿卜杜勒·纳赛尔发现在他面前有以

① 穆萨·阿拉法：《高坝》，埃及知识出版社 1975 年版，第 48 页。

下几种选择：要么屈服于美国、英国，要么主要依靠自己修建大坝，除此之外还可以借助外部援助融资修建大坝。苏联表示愿无条件地援助埃及，这是大国与发展中国家合作的典范，开启了大国与发展中国家合作建设的新模式。

选择依靠自身力量修建大坝的难点就是埃及欲收回苏伊士运河运营权来增加收入，这导致了自埃及独立以来其与西方间的紧张关系加剧，而此种方式又加剧了这种紧张状态。就像一个国家在其强盛时开始了独立之路，埃及与其人民选择了第二种道路，已故总统纳塞尔在演讲中宣布苏伊士运河国有化。之后英、法、以三国向埃及宣战，埃及人民与军队英勇反抗三国入侵，尽管力量悬殊，但埃及始终坚韧不拔地进行抗争，在那场战斗中，埃及赢得了全世界的支持。

随着三国的入侵，叙利亚军在收到其军事情报指挥官阿卜杜勒·哈米德·锡拉杰中校的命令后直接切断了途经他们领土的中东石油对英法的供应线。在关闭苏伊士运河之后，英法海军在其北面入口塞得港附近登陆，埃及军队和当地居民进行了顽强抵抗。

阿拉伯人民不屈服殖民主义压迫与统治，以各种抗议形式打击英法殖民者，从伊拉克到亚丁到黎巴嫩再到摩洛哥再到海湾阿拉伯国家。英国驻巴格达前大使（迈克尔·赖特）表示支持埃及，当时对首相（安东尼·伊登）提到："如果不快点停止埃及的战争，那在巴格达就无法再维护努里·赛义德的统治了，因为在这种情形下，所有伊拉克公民都仇恨英国。"他指出之前在外交上从未看到过类似现象。[①]

马格里布地区的阿尔及利亚曾一度沦为法国的殖民地，埃及

---

① 穆罕默德·侯赛因·海卡尔：《苏伊士文件……三十年战争》，金字塔公司1992年版，第546页。

是帮助阿尔及利亚革命的最主要力量，在当地也出现了各种形式的抗议。在法国南部港口工作的阿尔及利亚工人禁止装载货物运往埃及，工人们进行了反抗，这个民族要从长久的冬眠中觉醒。在埃及已故总统纳赛尔的领导下，埃及大坝建设的胜利以及苏伊士运河国有化，都标示着这个国家民族意识的觉醒，熊熊烈火燃烧在埃及人英勇奋战的土地上，可以说鼓舞了从大西洋到海湾国家的所有阿拉伯人民。

在国际社会上很多新兴独立国家、被殖民国家，甚至西方国家，民众大规模游行，支持埃及。甚至英国和法国民众都支持埃及，人们发起规模宏大的游行，支持正义，反对殖民压迫，反对英国、法国、以色列对埃及的侵略，民众认为这是极端资本主义政府的选择，并不是人民的选择。在国际舞台上，苏联发表声明《伦敦和法国离苏联核导弹不远了》，警告英、法、以三国必须马上停止对埃及的军事行动，马上从埃及撤军。同时谴责以色列“不负责任地玩弄世界，在东方人民心中播撒仇恨以色列的种子，以色列要考虑自己的未来，并对以色列作为一个国家表示怀疑”①。

三国敌军撤兵后，埃及收回主权并拥有苏伊士运河管理权。这无疑给埃及增加了经济收入，能够承担修建大坝。埃及开始认真研究苏联参与大坝建设的计划。在简单的协商之后，埃及于1958年12月27日签署苏联贷款协议，明确规定大坝第一期的建设，包括初期阶段以及为增加年储水量转换新河床建设阶段。协议规定苏联给埃及贷款3亿卢布，约合3480万埃镑，用于埃及进口重型机械和设备。同时协议规定提供专项资金给苏联专家和技术人员。贷款每年一期分为12期偿还，从1964年开始，年利率为2.5%②。

---

① 穆罕默德·侯赛因·海卡尔：《苏伊士文件……三十年战争》，金字塔公司1992年版，第554页。

② 穆萨·阿拉法：《高坝》，埃及知识出版社1975年版，第56页。

根据项目预期设想，大坝项目将达到一个新的阶段，这个伟大民族的梦想成为现实，埃及人民与尼罗河关系发生一个战略性转变，埃及人真正驯服了尼罗河。

尽管在1959年埃及与苏联关系紧张，因为埃及警察抓捕埃及国内的共产党，但是这种紧张关系并没有影响苏联参与实施大坝工程的进程。

随着埃及与苏联就大坝融资和第二阶段工程实施协议签署的拖延，西方国家看到重新参与大坝项目的希望，显然随着时间的推移，这个庞大项目在埃及的影响不断加大。这时时任苏联领导人尼基塔·赫鲁晓夫在1960年1月15日致信给埃及总统杰麦尔·阿卜杜勒·纳赛尔，信中确定苏联准备与埃及合作共同修建大坝，使西方国家重回这一项目的希望破灭。1960年8月27日双方签署了苏联贷款大坝工程的协议。协议规定苏联贷款9亿卢布（7800万埃镑）给埃及，其中包括项目设计、考察、研究的费用，以及购买闸门安装、水轮机、发电机组，以及灌溉工程、土地开垦等大坝工程所需的必要设备的费用。

协议规定自大坝及水电站建设竣工后一年起，每年一期分12期还款，但不能推迟到1970年1月1日。至于贷款的专门部分于1969年年初生效，剩下的部分将于1972年初期条款完成，各项贷款年利率为2.5%，于竣工后下一年前三月完成还款。根据1960年8月27日签署的协议，埃及决定结束大坝建设融资之战，在大坝建设进入实施阶段之前，苏联对大坝建设方案中的通过在尼罗河东岸山体中部挖掘七条隧道来转换尼罗河河床的重要性等方面，做出了一些技术上的修正，由于这个地区多岩石多裂缝的地质环境使得工作进程中财政负担非常重。

采纳这些修正方案后，埃及开始建造这个伟大的项目，建起一座在人类历史长河中首次将尼罗河拦腰截断的大坝，这是埃及人民几个世纪以来的愿望，这个大坝是当时世界上最大的大坝，并形成了一个大坝湖——纳赛尔湖。这座大坝在当时是全世界关注的焦点，其库容量1820亿立方米，最高蓄水位185米。蓄水量高度在当时是个例外，确保正常及安全的蓄水量不会对大坝容积造成压力，约1640亿立方米。纳赛尔湖是世界蓄水量第二大的人工湖，仅次于俄罗斯的布拉茨克水库，布拉茨克水库蓄水量达1790亿立方米，是世界上蓄水量最大的人工湖。大坝所使用的各种建筑材料约4300万立方米，体积相当于埃及最大的金字塔胡夫金字塔的17倍，在世界上众多的大坝之中，此大坝在高度上仅次于苏联努列克大坝居于第二位。阿斯旺大坝是世界八大水坝之一。其电站发电量约2.1百万瓦特（2100千瓦），仅次于苏联的五大水坝、丹麦的两大水坝，是世界第八大发电站。

这座大坝横截尼罗河，最大限度地利用尼罗河河水，是这个国家伟大的领袖已故总统杰麦尔·阿卜杜勒·纳赛尔凭借钢铁般意志努力的结果。埃及人民在维护国家主权和尊严方面，以及在建设大坝的过程中克服了重重困难，也体现了苏联与埃及的真挚友谊。

三 大坝建成后的作用

建设大坝取得的成果是前所未有的，除去蒸发的水，阿斯旺大坝大约节省了220亿立方米水。埃及分得其中约75亿立方米水，通过改良土地增加耕地面积。1968—1969年以及2007—2008年改良土地的总面积达到了约198.9万费丹。[①][②] 尽管耕地的土质养料下降，但是这并不会影响埃及扩大耕地的步伐。

---

① 费丹，埃及面积单位，等于0.42公顷。

② 中央公众动员和统计局：《1995—2003年统计年鉴》，第268页；《2009年9月统计年鉴》，第126页。

大坝建设使67万费丹的可耕地由一季灌溉改为常年灌溉，从而使埃及耕地面积增加了6%，通过改善排水和实现常年灌溉，保证了农作物在需要水时提供足够的水量从而增加了农作物产量。大坝改善了航运、防洪、降低了运输成本，而且每年给政府节省许多防洪费用，减少由于洪水季节水淹没周边土地造成的损失。[①]

此外，大坝电站的发量电能够使热电厂每年节省大约200万吨柴油。1967年埃及开始使用大坝电站，同时开始使用燃气轮机。同一年，大坝电站发电量近7100万千瓦小时，约占同年埃及总用电量的2%。1978年随着其他燃气轮机运行，增加了大坝电站的发电量，达到81.52亿千瓦小时，约占同年埃及总用电量的53%。大坝发电在1982年达到了最高峰，约86.32亿千瓦小时，约占同年埃及全国能量消耗的37%。通过观察表2我们会发现，尽管在1980年、1981年、1982年大坝发电量在增加，但是埃及的总用电量中所占比例在减少，这是由于埃及用电量在大幅增加，同时埃及热电厂使用石油、煤炭和煤气发电量也在增加。大坝水电站在埃及总用电量占的比例在持续下降，到2006年下滑至11%左右。[②]

大坝发电加快了埃及农村用电的普及。虽然现在我们觉得这件事情看上去很简单，但是在当时农村生活产生巨大变革，电灯照亮了从人类文明初始到埃及高坝建成后数世纪漆黑的夜晚，农村用电使家用电器在农村得到普及，例如收音机、电视，促进了埃及农村现代化。同样，许多家用电器的使用，使千千万万的埃及农村妇女大大减轻了劳累和辛苦。由于电在农村的普及，也促进了教育的发展，人们可以在漆黑的夜晚，在灯光下看书，获取知识。农村用电

① 《世界银行就大坝建设项目报告》，开罗，1955年2月，第4、5页。

② World Bank, World Development Indicators 2009, p. 170.

普及，也增加了许多中小型工厂，特别是一些家禽养殖场和小纺织工厂以及奶制品厂等工厂，这些工厂都需要电器设备，工厂的建立缩小了埃及城乡间的差距。

同时埃及通过出售用高坝水改良的土地实现了巨大的经济收益。此外高坝还能够防洪、减少洪灾造成的巨大损失，例如洪水会淹没土地和乡村，有时会淹没一些动物，并且传播疾病和瘟疫。在过去，埃及政府在防洪中投入了很多资金。

埃及建成大坝后实现了巨大的经济社会效益，尤其是在抗旱方面，大坝的作用堪称历史壮举，以往干旱周期对人类和庄稼和家畜造成的重大影响，致埃及约四分之三的居民受灾。在大坝建成之后开始了新一轮人口增长，在 2000 多年前，埃及至少有 1000 万人口，在穆罕默德・阿里时期经统计只有不超过 250 万人口。埃及人口锐减，原因是外国殖民者对埃及的占领、压迫，还有干旱和洪涝对埃及产生的恶劣影响。

在 1972—1973 年洪水之年，即大坝竣工之后第二年，就制定了大坝抗旱机制。1972 年，阿斯旺大坝估计最多引入约 799 亿立方米水，平均每年至少引入约 141 亿立方米水，最低约 580 亿立方米水，即每年至少约 260 亿立方米水供应到阿斯旺大坝（参考表 2）。如果没有大坝蓄水，埃及也许会遭受惨重损失，对农业、工业产生负面影响。

阿卜杜勒・阿齐姆・阿布、坎・阿塔博士评估大坝使埃及在 1972—1973 年洪水年避免损失约 2.5 亿埃镑。比如在 1972 年，由于暴发洪水，埃及启动水库，蓄满总库容水，通过这种方式避免了灾害，减少了经济损失。

从 1979 年到 1987 年是持续十年的干旱之年，高坝充分发挥了抗旱的巨大作用，若没有高坝，可能会使埃及饿殍遍野。参考表 3，可以看出倘若没有纳赛尔湖的蓄水，埃及有可能遭受大范围的水资源紧缺。

纳赛尔湖的蓄水量在1979年达到了约1330亿立方米，水位高达177.75米，1980—1981年蓄水量减少至125亿立方米，之后持续减少至37亿立方米。1988年7月的洪水使蓄水量达370亿立方米，蓄水位高149.3米。在1988年夏季特大洪水到来之前水库的库容只有54亿立方米，洪水抬升了纳赛尔水库的蓄水位至约168米，相应蓄水量为892亿立方米，其中死库容约310亿立方米，调节库容约582亿立方米。

更为重要的一点是埃及从1976年到1980年抽出了纳赛尔水库30多亿立方米的水，之后从1981年到1988年抽出约880亿立方米水，即平均每年抽出约110亿立方米水，我们可以设想一下埃及的工农业倘若没有水库储水，在旱灾波及尼罗河流域各国的几年间，埃及就不会幸免于难。

我们要了解埃及在干旱之年的干旱程度，需要回顾在一些古代书中记载的因尼罗河水量减少而引起的干旱。

马克里奇说："阿尤布王朝，国王是公正的阿布·白克尔·本·阿尤布，当时尼罗河河水停止增加，河水只有12个前臂加手指那么深，很多边远农村的人，因饥饿逃到开罗，随即春天来了，接踵而至的是时疫和死亡，没有食物，导致人吃人的事情发生，父亲以煮烤的方式吃他的小孩，女人吃她的孩子。此事泄露出去，因为这个全体受到惩罚，男男女女的衣服里包裹着他们孩子的肩膀或大腿或身体某个部位的肉，他们中一些人走进邻居家，发现火上有锅，然后等待，如果是孩童的肉，通常是大户人家，在市场和路上都能发现人们隐藏的孩子的肉。之后变得更严重以至于孩子成为大多数人的营养品。人们没有说话的力气，没有食物没有蔬菜整个大地一片虚无。""春天快要结束了，在科普特历七月（相当于公历三月），尼罗河河水淹没了埃及大地，到达吉萨地区。水的味道都变了，水质发生了变化，然后慢慢又增加了一个指头，过了几天，水深猛烈增长至15个臂膀加上16个手指，国家迅速衰落，村民都死光了，原来500人的村庄，只有两三个人活下来。”[①]

尽管马克里奇的历史小说很夸张，但是他所描述的关于尼罗河水量减少，造成饥荒的惨烈场面，某种程度上反映出尼罗河掌控埃及人的生存。那么在现代埃及人口大幅增长的情况下，干旱造成的后果更严重，在1979—1988年很长一段时期，尼罗河源头的干旱，导致数以万计的人死亡，在整个80年代，这样的悲剧发生在尼罗河流域国家特别是埃塞俄比亚和乌干达，而保障埃及的水和食物，要归功于大坝及其水库的蓄水，在干旱之年埃及人依靠大坝得到了平安，同样在1988年大坝为防洪发挥了巨大作用。

大坝的作用显而易见，但同时也存在一些负面影响，早在建设时就已经知道，在实际实施的过程中，一方面来确定步骤预测消极结果；另一方面积极地面对这些负面影响，自有大坝建设构想以来就预料到了一些淤泥相关的副作用，无论是水库或是农业用地里的泥沙淤积，还是水里含沙量的骤减及水中固态悬浮物下降，都加快了对河床及大坝北部以此而立的设施的侵蚀，同样随着水里含沙量的骤减使水生植物及藻类到处蔓延，严重危害了河道灌渠的运行和航运，同时还蒸发掉了一些水分。

在1954年应国家生产委员会要求召开世界专家委员会会议，成员卡尔·图尔扎克、A. L. 萨提尔、马克斯·布鲁斯、安德烈·奎恩、鲁里普茨克拉夫，在所作的报告中回应称：“建设大坝将会限定坝后泥沙传输，从而影响阿斯旺到三角洲的尼罗河的流程。”报告补充道：“专家们建议有必要研究分析相关河里固态悬浮物以达到获得大坝建设结果的侵蚀估测。同时建议有必要做出首次声明以便估测大坝对尼罗河河床的影响。”[②] 此报告附议补充侵蚀淤沙等

---

① 马克里奇：《国家救济的悲哀》，新月出版社1990年版，第62、63页。

② 陶尔·穆罕默德·阿布·瓦法：《高坝工程及其发展—研究—设计—实施途径及计划》，阿拉伯联合共和国高坝部，1968年，第142页。

相关问题，其中包括水库淤沙，预计所有的沙砾淤泥几乎沉淀到库底。尽管这样会使大坝前人工湖的容积持续扩大，但在某种程度上这些沉积物绝不会影响之后几百年的库容。

大坝前后悬浮着很多淤泥。报告指出，阿斯旺大坝高于其它大坝，因为它是建在岩石山地上的。这些淤泥对大坝有影响，必须采取有效措施进行修复。

其中包括由于纳赛尔水库固态悬浮物的沉积导致了从阿斯旺大坝到地中海的尼罗河河床受侵蚀与淤沙等相关问题，该报告称："在建立大坝之后，泥沙将不流经阿斯旺，因而在坝后导致了一些持续的侵蚀。"对此发表的声明称尼罗河固有的沉积物的数据证明河床平均每年被侵蚀掉 2 厘米。同时在较低层有较大面积的沉积物。报告称在严重侵蚀的情况下也许要预防一些危害的发生，比如闸门下方受到侵蚀，会威胁水库的安全，在此基础上应该高度注意和修复，特别是阿斯旺大坝泥沙淤积最高处的水闸。

报告称："多年之前就已开始观测尼罗河地质，已有很多数据特别是水里固态悬浮物相关数据。"报告称应继续调查研究更多观测数据，注重细节，以便从更广的层面去了解尼罗河河床受侵蚀的过程。报告称在尼罗河河床受到危害之前要采取合适的修复方案。[①]

1956 年阿里·法特西工程师估测从阿斯旺到开罗这段尼罗河河床将受到全面侵蚀，并尽力了解这种侵蚀的程度范围以及冲刷的实际速度，遂即就侵蚀的速度程度得出悲观的结论即预测河床将平稳减少 1.37 厘米/年，河床的平均冲刷深度在每天排水 7 亿立方米的基础上将达到 22 米，估计河床沿岸整体的冲刷深度将达到 54 米，四座水闸每座将被侵蚀掉 14 米，侵蚀掉的最大的一部分将在前两年堵塞大坝。因侵蚀严重，尼罗河将在阿斯旺下游形成新河床，估

---

① 陶尔·穆罕默德·阿布·瓦法：《高坝工程及其发展—研究—设计—实施途径及计划》，阿拉伯联合共和国高坝部，1968 年，第 163、174 页。

计侵蚀会延伸到尼罗河河水流经的其他灌渠。1970 年大坝启动，阿里·法特西博士作出评估，侵蚀速度是第一次评估的两倍，即平均每个闸门下的河底将在 4—5 米之间，在高坝建成之后将导致河谷平面至少下降到过去的一半，十年之后下降 3 米，1976 年在伊斯纳闸坝下降达 1 米，纳格哈马迪拦河坝下降 0.7 米，艾斯尤特闸坝下降 0.75 米，自大坝启动始 17 年之内最终侵蚀 83%，届时侵蚀达 4 米。①

一方面，萨拉赫博士估测大坝启动之后侵蚀的程度每年不会超过几厘米，逐渐减少至流量平衡；另一方面，在大坝完工及运行了几年之后，苏联专家们在 1976 年的报告中提议闸坝钻孔以开展排水工作，允许加强这些闸坝之间的平衡，同时建议建造设施预防局部侵蚀，即在所有闸坝下根据其规格设计建立絮状过滤设施。同样苏联的水利枢纽管理局在 1977 年作出关于全面开发尼罗河的报告，建议在阿斯旺到开罗的尼罗河河段的三闸坝建设抵御工程，即伊斯纳闸坝、纳格哈马迪拦河坝和艾斯尤特闸坝，建议在每个桥闸坝修建新船闸。②

以上是当时世界上的专家们所作的关于建设大坝前和建设大坝后短时段内的淤沙和侵蚀问题的报告。建设大坝的 10 年以及完工后的约 4 年间，预防淤沙和侵蚀迫在眉睫。预计每年洪水携带的大量淤泥将沉积在纳赛尔水库。每年外来淤沙量大约达 1300 万吨。在不影响纳赛尔水库兴利库容的情况下大坝及水库被设计成死库容 300 万立方米，蓄水位 147 米，淤沙能够沉积以便达到此平面。鉴于埃及尼罗河淤沙总量约达 1300 万吨/年，德国豪赫蒂夫公司估测，大约要在 750 年内填满 300 亿立

---

① 陶尔·穆罕默德·阿布·瓦法：《高坝工程及其发展—研究—设计—实施途径及计划》，阿拉伯联合共和国高坝部，1968 年，第 80 页。

② 同上书，第 98 页。

方米水，相应水位 147 米。

值得注意的是世界上其他大坝的水库淤沙比例要小于许多估测值，就像我们发现建于美国的胡佛大坝水库的泥沙淤积在同样基础上小于埃及水库的泥沙淤积，此大坝的启动证实在建设前估计泥沙淤填满死库容将需两倍的时间。其意味着在泥沙淤积影响库容之前水库的时效要长 1 倍，也许阿斯旺大坝水库即纳赛尔水库也是这种状态。

无论什么情况，埃及都需要寻找增加纳赛尔水库库容量的办法。据估计，泥沙淤积填满水库死库容需要 500—900 年的时间。纳赛尔水库的这种泥沙淤积，是大坝北部的尼罗河河水设施免遭淤泥侵蚀的真正的财富。将其用于河谷南部附近的新改良土地改变土壤使粮食产量增加、土壤更加肥沃，而这种淤泥土壤要输送给在努比亚及河谷南部省份的失地农民或农业学校毕业生，就可成为他们国家的自然资源。

对于阿斯旺大坝纳赛尔水库泥沙淤积对埃及农用地肥沃力的影响而言，大坝建设之前尼罗河河水携带泥沙给养埃及可持续农用地的研究证实，1800 吨氮可弥补大约 13000 吨石灰硝酸磷肥。每年这些肥料的价值相对于大坝及大坝建设前防淤泥问题的成本而言，效益似乎可以说是无边无际的。

阿斯旺北部的尼罗河淤泥缺失使水生植物疯长从而蒸腾掉部分水以及妨碍航运，需要付出部分努力及资金来解决这一问题，可以说这个问题虽然很小而且花费有限，但是直到现在也无法积极地面对，因为在面对这一问题时使用了农药，对环境造成了消极影响。同时，在鱼类生活环境中使用有毒药品需要长时间深入的研究，以防止破坏尼罗河河水内部各种鱼类间的生态平衡。

值得注意的是水生植物在灌渠和开支方面造成了很大问题，埃及每年采用自动模式清理灌渠，通过挖泥船加深并强化各灌渠，从而在有限时间里清理了水生植物，净化了水质。建设大坝后尼罗河水生植物蔓延的问题需要付出更多努力，加深研究如何在不影响环境的情况下战胜这一挑战，到目前为止所有的结果表明埃及还未能高效解决这些有毒水生植物在尼罗河下游和灌渠的繁殖。

大坝建设后泥沙淤积的相关影响还有，有越来越多的人为了人造红砖来铲地，因为大坝有效地拦住了泥沙然后减少了制造红砖所需的土壤。随着埃及近几年的建设热潮，红砖需求量增大，自 1970 年以来，到国外工作的移民增多，随着建筑用的红砖订单的增多，国家必须发挥主导作用禁止铲平土地，严厉制裁铲土之人，并提供可代替红砖的物质例如砂岩砖、黏土和水泥。由于埃及在这个方面技术很落后，所以在转为依靠砂岩砖、黏土、水泥之前允许铲地，即问题不在大坝而在于采用了消极的应对方式，国家和社会对这个问题的疏忽，最终导致部分土地被铲平，丧失了长久生产的能力。

概括大坝带来的负面影响，蒸发和泥沙淤积浪费了大量纳赛尔水库的水，估计每年蒸发了 90 多亿立方米水，泥沙淤积消耗约 10 亿立方米水。至于在建设大坝之后，蒸腾和淤积导致的实际消耗详见表 3，可以看到在起初，最低估计 1971 年蒸发导致蓄水位达 167.62 米，但是在 1975 年水位升高至 175.7 米，水库蒸发量增加约至 111.67 亿立方米，1976 年水位升至 176.51 米，水库蒸发掉 124.43 立方米。只有持续的洪水才会导致水面高度达 175 米以上，这种情况不会持续很久，水会蒸发消耗掉很多。在这种情况下，水库无疑蓄满了库容来控制洪水。众所周知，当水位达到 182 米的时候必须打开泄洪道，转换增加的水以防对大坝造成危险，如果不强行启动上游水库，就会造成像在建设大坝前洪水期的严重损失。当正常水位约到 168 米的时候，蒸发的水量约达 90 多亿立方米，这是很正常的事情，因为大坝水库在热带干旱地区，该地区常年不下雨，难以填补蒸发的水库蓄水。

对于泥沙淤积而言，其最大好处在于升高水库蓄水位，至于在此之后，随着努比亚泥沙淤积至尼罗河河谷及水库海岸线，遂即泥沙淤积损失降低，而持续的泥沙淤积会使大坝底部及湖岸出现裂缝，逐渐减少泥沙淤积会降低淤积外漏，水库要损耗库容 17.01 亿立方米。

纳赛尔水库蒸发对水里盐分也有影响，水库蒸发导致含盐量增加是合理的，据穆斯塔法博士估计，由于水汇入得太少导致盐分增加，其含盐量要少于纳赛尔水库蒸发时增加的盐分。[①]

大坝建成之后地下水位上涨，对大坝造成了负面影响。专家们认为在洪水期尼罗河水位上涨以及随着施工的进行，全年稳定的尼罗河高水位，其水位高于大坝建设前尼罗河每年的平均水位，但是仍然要低于洪水期的水位。但在这种新形势下大坝抬升了地下水水位，也由于涉及引进每个村落的饮用水要通过排污水管网，排水要通过地下水库，有可能升高地下水水位增加污染，这些村落不仅没有排污管网，而且有向大城市延伸的众多可能性，特别是开罗和亚历山大没有管道，因此许多社区通过地下水库排放污水提高了地下水水位。

地下水水位抬升造成了众多消极影响，例如土地含水量饱和。但这也不是无法解决的问题，主要需通过改变灌溉模式来合理利用灌溉用水。

值得注意的是高坝建设前的尼罗河，每年约 320 亿立方米水通过两条支流罗塞塔河和达米埃塔河注入地中海，远离三角洲海岸的洋流减少海水侵蚀的可能性，随着大坝的施工减少了注入海洋的水量，此外，大坝建设前的大量泥沙淤积造成水源短缺。估

---

① 陶尔·穆罕默德·阿布·瓦法：《高坝工程……及其发展—研究—设计—实施途径及计划》，阿拉伯联合共和国高坝部，1968 年，第 127 页。

计这会增加对地中海岸三角洲的侵蚀，事实确实如此，特别是在地中海的罗塞塔河及达米埃塔河两支流河口附近的地区。这就要求在这些区域加强海滩混凝土工事，或者加大力度研究其他措施来应对解决这个问题。

表 2　　大坝发电量

阿斯旺老坝发电量占埃及总用电量的比重	大坝发电量占埃及总用电量的比重	大坝一年的发电量(千瓦小时)	年份
35%	2%	71	1967
	52%	1438	1968
		2389	1969
		3042	1970
23%		3395	1971
		3687	1972
		3789	1973
20%	52%	4460	1974
17%		5010	1975
12%	52%	6058	1976
9%		7102	1977
8%	54%	8152	1978
		7969	1979
	44%	8072	1980
		8336	1981
	37%	8642	1982
		7937	1983
		7630	1984
		6581	1985
		6512	1986
		5962	1987
		5769	1988
3%	17%	7098	1989

表 3　　大坝管理局的数据

尼罗河年注水量以及纳赛尔湖理论与实际水损失量，及干旱期间注水量的评估

实际损失			尼罗河河水注入阿斯旺大坝的水量（立方米）		理论损失量			纳赛尔湖最高水位（米）	年份
渗漏实际损失（立方米）	其他损失（立方米）	水库外物质含量差异（立方米）			其他理论损失量（立方米）	蒸发量（立方米）	饮用和渗漏量（立方米）		
								127.00	1964
..	0.8	87.611		88.411	2.151	1.872	1.279	133.61	1965
..	1.76	69.662		71.433	3.330	2.308	1.022	140.74	1966
..	3.65	86.535		90.185	4.451	4.003	0.448	142.3	1967
1.704	7.17	66.598		73.768	12.302	5.466	6.846	156.5	1968
1.288	8.08	65.977		74.047	11.145	6.782	4.363	161.23	1969
1.111	8.934	68.324		77.258	12.074	7.823	4.251	164.87	1970
1.477	10.635	66.517		77.152	13.152	9.157	3.994	167.62	1971
3.318	12.905	45.145		58.050	9.587	9.587	..	165.26	1972
0.262	9.025	60.502		79.527	8.764	8.763	..	166.24	1973
4.775	14.469	70.465		84.934	14.572	9.694	4.878	170.61	1974
5.192	16.359	81.629		97.988	21.645	11.167	10.468	175.7	1975
1.701	14.144	54.820		68.963	14.372	12.443	1.929	176.51	1976
			农业灌溉部评估	其他评估					
			72	41					1979/1978
			80	56.2					1980/1979
			83	55.8					1981/1980
			73	40.7					1982/1981
			69	47.9					1983/1982
			57	34.8					1984/1983
			79	56.1					1985/1984
			70	48.5					1986/1985
			60	41.1					1987/1986

资料来源：①1964—1976 年数据来源于阿卜杜勒·阿齐姆·阿布·阿塔：《高坝之后的埃及与尼罗河》，阿拉伯埃及共和国，土地改良灌溉部，1978 年 1 月，第 119 页。

②1988 年阿拉伯战略评估报告，政治与地理研究中心，1989 年，第 440 页。

③公共工程与水资源部公布的数据。

另外，大坝的建设和一季灌溉转换为常年灌溉导致了血吸虫病的传播。这种病自古就在埃及广为传播，特别是建设三角洲拦河大坝以来。常年灌溉方式代替了一季灌溉之后使此病的传播变得严重，随着大坝的建设，这种病在埃及蔓延。尽管血吸虫病的传播危害了人体健康，但是得益于最近几年预防和医疗水平发展迅速，疫情得到了控制。

在抢救纳赛尔水库之前，水就淹没了努比亚部分地区的村庄和古迹，这是大坝的重要的负面影响。我们上次就提到在这个位置建设大坝会导致淹没古努比亚部分地区，且没有回旋的余地，之前就估计这是建设大坝最合适的位置，苏丹边境地区的研究也证实了这点。虽然古努比亚地区的村落淹没对在这个地区生活的埃及人民影响很大，他们的家乡被洪水淹没，被迫迁移，但是必须要保护埃及人民，其中包括努比亚人免遭洪涝干旱危险，必须从此工程项目中获取巨大的经济利益改善从努比亚到亚历山大埃及人民的生活。

第三章

托斯卡项目中出现的决策失误、施工失误以及必要的补救措施

南谷发展项目（托斯卡）是集决策和机制于一体的重大失误项目，国家和媒体机构报道了很多错误信息，误导了普通民众，甚至研究人员。该项目预计竣工后开垦350万费丹的土地，可容纳300万人口。该工程第一阶段从1996年至2007年年中，计划开垦54万费丹土地，基础设施花费54.83亿埃镑。同时，政府向开垦后的土地迁移居民的计划也停止了，政府在前期没有对项目进行全面的研究和评估以及编制预算，因此后期需要弥补前期的失误。

每费丹土地的建设花费到2007年前是10154埃镑。在第一阶段完工时，花费甚至有可能达到每费丹土地15000埃镑。如果加上开垦土地的费用，花费还会加倍。我们看到雷加国有公司，对位于开罗和亚历山大之间的沙漠公路以西30千米的内陆地区，新开垦的土地每费丹出售价是6万埃镑，这些新开垦的土地用井水灌溉。在托斯卡地区新开垦的土地是用尼罗河河水灌溉，不是井水。因此，这里可以种植不同的农作物，托斯卡地区的气候也适合耕种多种作物，因为这片土地使用尼罗河河水，埃及最好的水灌溉。当在这里建完基础设施后，就变成了一场灾难，沙特人阿尔瓦利德·本·塔拉勒以每费丹50埃镑象征性的价格购买了土地，而这些土

地应该属于当地的农民和农业学校的毕业生和努比亚人、南方各省的人民，或者是埃及其他地区的人民。

一 决策失误是项目的最大问题

如果我们回过头看项目启动的公告，就会很容易发现这个项目的决策机制存在很大问题，从而造成了后期诸多问题。尤其是我们将此项目的决策与阿斯旺大坝项目的决策对比，就会发现项目中的决策失误是该项目最大的弱点。我们研究了阿斯旺大坝委员会和大坝专门委员会档案，就会发现，在决定修建大坝前，进行了多年的研究，多方有很多讨论。与此相反，托斯卡项目突然启动，之前没有进行充分研究，总统下令打开溢洪道，排放纳赛尔湖多余的水，导致下游水高出地平面。在项目开工以后，开展了很多关于项目的研究讨论，但这些工作应该是项目启动前来做，而不是启动后，尽管项目委员会研究结果证实这片土适宜农业耕种，以及划分了土地的等级。但是所有这些研究也都是项目开工后才进行的，而不是在全面充分研究的基础上决定开展此项目。

令人惊奇的是，尽管当时埃及并不是民主国家，但大坝项目的决策过程更接近古老的民主国家。形成鲜明对比的是托斯卡项目中的决策，它是一种专制的决策，没有进行科学研究和前期调查。尽管埃及声称它是民主制国家，报纸和媒体的自由程度远远超过纳赛尔时期。

在托斯卡项目突然开工时，政府没有重视反对意见，反对意见来自反对党华托夫党[①]，还有瓦夫德党等政党。还有一些反对意见来自埃及思想界和地质、水、灌溉领域的著名专家，如拉什迪·赛义德教授。其中有关项目收益的观点指出，世界银行对此项目的研

① 以埃及派往英国谈判的代表团为基础的党派。——译者注

究证实项目的收益率每年达到了8%，与此同时，国库券的收益率每年超过了8.5%。①

二　完成和完善项目的必要性

虽然针对项目有很多批评，但是政府已经投入了大量的资金到这个项目的基础设施，所以这个项目必须进行，不能停止。在这一章里我们要研究的是政府如何解决该项目所存在的问题，促使项目顺利完成。如果政府和农业部以及政府银行体系等部门真正有意加快项目的完成，应将土地所有权给失地农民以及农业学校毕业的学生，并且为他们提供优惠贷款，农民和学生为这些贷款支付的利息不超过3%，剩余的由政府支付。并给贷款的农民三年的宽限期，因为在这个期限内他们耕种的农作物就可以收获了，农民能够赚取利润，偿还贷款。

南谷发展项目的土地包括广阔的适宜农业和建筑的土地。根据政府报告，项目地区的土地根据土地质量分为一到五等，大约340万费丹的土地适宜农业耕种。

1989年，科学研究院与沙漠研究所合作完成了很多的研究，研究成果收录在《西撒哈拉百科全书》一书中。研究证实，在埃及西部沙漠地区大约有750万费丹可耕土地，其中有100万费丹的土地是一等和二等，有大约200万费丹的土地是三等，接近200万费丹的土地是四等，大约250万费丹的土地为五等。一等和二等土地具有优先发展权，其中大约63.87万费丹土地在南谷（托斯卡）地区，大约300万费丹土地在绿洲地区，2.3万费丹土地在纳赛尔湖西岸。

① 《梦魇来临之前，托斯卡——现实与梦想之间》，《叶萨莱》1999年4月第110期，第21页。

表 4　　新谷地区和南谷地区土地等级和面积①　　单位：费丹

地区	勘探面积	一等和二等土地	三等土地	四等土地	五等土地	适合耕种的面积
海洋绿洲和法拉弗拉绿洲	4500000	75000	50000	150000	400000	675000
内部地区	1205820	130000	105000	166000	683000	1084000
外部地区	1848345	150000	375000	500000	100000	2025000
总面积	7554165	355000	530000	816000	1183000	3784000
南谷底部	8000000	638685	1439130	1171720	—	3249535
奥纳特东部	9400000	—	—	—	—	3740000
高坝前面	713000	22500	95500	95000	500000	713000
总数	25667165	1016185	2064630	2082720	2583000	11486535

资料来源：穆罕默德·阿卜杜·拉赫曼 ·谢尔努比：《新谷地区的水源位置：地理概况》；穆罕默德·雷夫·穆斯艾德、萨拉赫·塞利姆（迈赫兰）：《参与新谷国家项目规划》（发展中国家研究中心，1997 年），第 38 页。

不同的土地有不同的用途，在托斯卡，有的土地适合种植农作物，有的土地适合建楼房。这片沙漠在一万多年前遍地是干椰枣，植被茂盛，物产丰富，还有常年流淌的河水，滋养着周边的树木，后来河流变成了干涸的河谷，沙漠掩埋了远古土壤的表层。在另外的地区，由于自然气候因素，土壤表层裸露在外面。总之，在这里发展农业是可行的，但并不像政府此前宣传的那样夸张。

关于水源，该地区储存水和运输水的方法引起很多争议。根据政府规划，这块土地最终种植面积为 340 万费丹，每年需要 255 亿立方米的水；平均每费丹耕地每年用水 7500 立方米②，如果通过滴灌，每费丹每年只需要 5000 立方米的水；如果夜间灌溉，每费丹

① 新闻传媒部、公共信息委员会：《南谷三角洲：下个世纪的工程》，公共信息委员会，1997 年，第 367—368 页。

② 艾哈迈德·赛义德·纳贾尔：《丰富资源和历史试验之间的托斯卡》，《金字塔报》1997 年 5 月 12 日。

土地每年需要 1.2 万立方米的水，如果采取浇灌，每年需要 1.2 万立方米的水。这些只是针对普通的农作物，不包括耗水的农作物比如水稻、甘蔗等。

上文提到的用水量在埃及当前的灌溉模式下是很难实现的。公共工程和水资源部计划减少尼罗河河谷和三角洲地区在纳赛尔湖取用的 140 亿立方米的水；增加三角洲和河谷使用的地下水使用量，计划增加 30 亿立方米；增加处理过的废水 40 亿立方米，还有 70 亿立方米的水是通过发展灌溉项目、合理化用水、减少耗水量大的农作物如水稻的种植面积而节约的水。[①]

表 5　　埃及 1997 年可利用的水资源和 2017 年可能利用的水资源

	1997 年真正可利用的水资源（亿立方米）	2017 年可能开发的水资源（亿立方米）
尼罗河水域的份额	555	555
詹加利运河项目	—	20
河谷和三角洲的水	48	75
三角洲再利用的废水	49	84
减少尼罗河对海洋的适当行动	1.5	—
发展农作物生产	—	30
由发展灌溉计划产生的储量	1.5	40
沙漠中的地下水储量	5.7	37.7
处理过的干净的废水	2	20
北部沿海的雨水和洪水	10	15
总量	672.7	876.7

资料来源：水资源和灌溉部前部长在“埃及新千年”座谈会中的讲话，开罗大学未来研究中心，2000 年 11 月 15—18 日，此文在《工程师杂志》2000 年第 528 期发表。

① 艾哈迈德·赛义德·纳贾尔：《托斯卡如何实现社会价值》，《金字塔报》1999 年 3 月 1 日。

公共工程和水资源部计划储蓄的水不足以灌溉340万费丹的土地，只能够灌溉一半的土地。公共工程和水资源部应利用所有能利用的水，包括将农业废水净化，这些农业废水污染非常严重。因为在埃及农村排水系统不发达，很多废水直接排入了河口，政府应该修建排水渠，将这些农业废水利用好。工厂有很多的污水和固体垃圾排放在水渠里，有时会排放到尼罗河主河道。这些废水污染非常严重，气味很大。这些废水如果用作灌溉，在流动过程中，将对人类和牲畜的健康造成很大伤害，而且还会使土地中的含盐量升高，对土地造成很大损害，因此必须处理后才能使用。

对于地下水而言，柏林大学和埃及的一些机构在阿维纳特地区的研究表明，在不损害地下水源的情况下，这一地区每年可获得的地下水的水量达到15亿立方米，这些水足以灌溉20万费丹土地。一项关于中东地区地下水资源的研究中指出，在西撒哈拉沙漠埃及的地下，有世界上最大的地下水源，约18万亿立方米。[①] 在南部和东部纳赛尔湖和尼罗河水资源的流失，使数十亿立方米的水流向托斯卡地区。由于海水入侵这个地区，导致这里土地含盐量过高，造成了严重的地质灾害。

众所周知，在西撒哈拉地区的地下水上方是广袤的流沙地区，这些流沙在地下水的上边游动。公元前525年，波斯帝国的第三位皇帝冈比西斯率领大军远征埃及，冈比西斯派他的一半军队到达西瓦绿洲地区，准备毁坏阿蒙神庙——阿蒙神庙又被称为预言神庙——神庙的祭司预言波斯的军队如果还在埃及，将遭遇灭亡，这些预言激怒了冈比西斯，他更加坚定要毁灭这些神庙。埃及向导带领波斯军队走向流沙地区，结果波斯大军和埃及向导都淹没在流沙中，埃及向导用自己的生命保卫了自己的国家。直到今天，阿蒙神

① 凯马伦·荷叶莱：《阿拉伯的水安全：问题和解决方法》，《阿拉伯国家联盟》1990年第64期，第98页。

庙依然屹立在埃及大地，保卫着埃及。

通过地下水灌溉的面积是49万费丹，其中19万费丹的土地在阿也纳东部地区，20万费丹的土地在西瓦绿洲，每年灌溉需要37亿立方米的水。在决定从西撒哈拉地区抽取这些水之前，必须先研究清楚在西撒哈拉地区抽取这些水可能产生的安全问题。

需要指出的是，埃及西撒哈拉沙漠的地下水位于非洲东部沙漠巨型含水层范围内，面积接近200万平方千米，包括塔宰布地区、库夫尔地区、利比亚的库尔特南部地区、科尔多凡地区、苏丹的达尔富尔北部，以及乍得的东北部。这些水源中含有努比亚砂石和泥质砂岩，非洲东部沙漠巨型含水层储藏的淡水资源是240万亿立方米。这些淡水的含盐度为每百万立方米200—500，除了西瓦绿洲北部地区，这里的含盐度是每百万1万—1.2万。①

埃及在西撒哈拉地区拥有的地下水水量超过了利比亚的费赞地区、苏尔特地区、塔宰布和库夫尔地区，占埃及西撒哈拉总水量的75%。利比亚每年从这里抽取20亿立方米的水，此外还有23亿立方米通过人工河抽取。有研究机构指出，可以在埃及西撒哈拉地区每年抽取37亿立方米的水，但这必须经过深入的科学研究，不能因用水而对地下水层造成任何的破坏。

自从托斯卡项目开工后，学者便围绕着项目的供水问题和经济收益展开了广泛的讨论。著名学者拉什德·赛义德指出，托斯卡项目的问题不仅仅是供水问题，还有修建输水系统的高昂费用。他同时指出，我们应该看到运行抽水泵运送必需的水需要多少费用，从阿斯旺到托斯卡的输电线路运送大坝30%的电力，这项工程耗资巨大，每年不低于10亿埃镑，平均每费丹土地200埃镑。

这种观点在项目开始之初就已经提出，项目中很多细节需要调

---

① 穆罕默德·纳赛尔等：《埃及的水和农业用地》，“2020年埃及工程第三届专家论坛”，学术图书馆2001年版，第141—142页。

整。埃及一位著名的地质学家提出了关于水的问题，现在需要认真的研究而不是敷衍。关于运输水到托斯卡地区有很多种方式，可以通过环山的排水渠将水输送过去。

公共工程和水资源部制订了项目所在地储存水的计划，通过调整埃及的灌溉方式可以节约大量的水，但需要从浇灌改成夜间灌溉，用滴灌方式灌溉尼罗河三角洲地区以及新开垦土地的树木、蔬菜。

根据公共工程和水资源部的计划，可以储存140亿立方米的水，然后在尼罗河谷地和三角洲地区合理使用地下水和处理过的农业废水，这样就减少了在纳赛尔湖的抽水量，这些水通过谢赫扎耶德水渠输送到托斯卡地区。

至于在南谷地区农作物的构成，必须是节水的农作物，并且适合当地的气候，比如小麦、大麦、橄榄、石榴、椰枣。同时有很多水果、蔬菜适合在这里耕种，比如甜菜、黄豆、苜蓿、扁豆、向日葵、玉米、柑橘、洋葱、棉花、小茴香、小白菊、杨梅以及很多秋冬季节的落叶水果，还有一些耗水少的水果，比如桃子、葡萄、杏子。至于每种农作物的土地配额，首先要考虑产量、耗水量、本地市场需求以及出口需求。在农作物耕种后，根据产量再进行调整。

农业和工业领域的成功与水资源和适宜耕种、建筑的土地息息相关。充足的自然资源能够促进工业的发展，工业生产周边必须有矿石，同时要有配套的基础设施，以及消费市场和运输港口。

就原材料的供应而言，在南谷地区有大量的铁矿，形成了钢铁工业的基础，钢铁工业将带动其他产业，比如包装、制造、仓储、农业设施的制造，都在托斯卡地区。同时可以发展不需要矿产的工业，比如建筑工业和电子工业。

纳赛尔水库是发展托斯卡项目工作的重要推动力。水库形成了一个渡口，方便了埃及和苏丹之间的水上交通，方便进口产自苏丹的工业原材料。同时红海的港口也是埃及进口原材料的重要基地，很多产自东南非共同市场国家的原材料通过红海进口到埃及，埃及在1998年加入了该组织。

南谷发展项目开工后，花费了近35亿埃镑，全额非常巨大，项目计划增加埃及5%的建筑面积，到2017年项目完工时，增加埃及20%的建筑面积，并迁移350万人口到新开发地区，增加350万费丹的耕地，建立一个大型工业区，这是对埃及工业体系的重要补充。为了实现所有这些宏伟的目标，人们接受了这些数额巨大的花费。

表6　托斯卡项目实施后，计划为不同部门分配的投资（至2017年）

部门	计划的投资以亿为单位（埃镑）	占计划投资总量（%）
基础设施	513	16.9
农业	239	7.8
工业和矿业	827	27.1
城市和农村发展	942	30.9
旅游业	529	17.3
总量	3050	100

资料来源：《金字塔报》1997年3月15日。

事实上，政府在项目开工时的预计目标是推动工业、旅游业、建筑业的全面发展，这些目标并不容易实现，除了农业外，政府对发展其他产业的信心不断降低。实现这些目标，要有正确的可持续的政策、有效的执行力，并将土地分配给农民，发展这些产业的同时，要将人口迁移到这里。目前已实施的政策是给阿拉伯国家的投资者大量的土地，这并不标志着项目的成功，项目的成功是需要将大量的人口迁移过来。因此，必须从土地分配和所有权方面重新审视该项目，以便实现项目的社会目标。

国家将建好的房子，分配给南谷开发项目和灌溉项目的工人，工人只需交成本费，并且可以分期付款。同时期待埃及和阿拉伯国家私营机构投资南谷地区的旅游、工业、农业项目。然而项目开工后的13年时间，证明这个投资是失败的，尽管这些部门参与了开罗周边城市的工业设施建设，但是没有参与尼罗河谷地的建设。这些机构并没有从项目中获益，我们将在后面介绍这些机构的成果。

事实上，如果这些机构能够认真建设工业、农业、服务业基础设施，这个项目成功的可能性会增大，而不是面对国内外的压力时，寻求国有部门建设项目，并且在建设中存在腐败和交易不透明现象，特别是与碳酸水公司、阿哈拉姆饮料公司、玻璃公司、欧麦尔公司、水泥公司、化肥公司、埃及美国银行、亚历山大银行、碳酸氢钠公司，此外还有很多公司。如果它们想真正做好，必须建立工业基础。南谷发展项目的投资环境很特殊，且享有20年免税，政府为投资者减少了复杂的手续，严格监管审批部门，使其快速有效地进行工作，没有各种阻碍。

需要指出的是，许多阿拉伯的投资者和其他国家的投资者以及国际金融机构，其中以世界银行下属的国际金融公司为首，以市场价格向私营机构贷款，在托斯卡项目启动后，它们都对项目表示出了兴趣，国际金融公司中东地区代表宣布，该组织已准备参与托斯卡项目以及泰夫莱尔东部和苏伊士湾的项目。同时世界银行同意贷款3亿美元给参与投资托斯卡项目的私人机构，阿拉伯经济和社会发展基金也同意参与该项目的投资，[①] 很多阿拉伯国家和国际上的金融机构都准备投资托斯卡项目。这种通过向私人机构融资发展项目的方式，收效甚微。

很多阿拉伯投资者也准备参与到托斯卡项目，因此成立了科威特公司，开垦托斯卡地区的农业用地，注册资金10亿埃镑，计划开垦25万费丹土地。另外一家沙特农业发展公司，成立于1998年的8月，注册资金是10亿埃镑，由沙特富豪阿尔瓦利德·本·塔

① 《金字塔报》1997年10月3日。

拉勒创建，计划开垦43万费丹土地，也就是两家阿拉伯公司计划开垦南谷发展项目68万费丹的土地。这样的分配方法对埃及人民的权益造成严重伤害。其中10万费丹的土地以每费丹50埃镑的价格出售给沙特公司，在第一阶段的工程中，该公司计划开垦54万费丹土地。托斯卡项目第一阶段工程18.5%的土地都归它所有。这个项目是以埃及人民的土地所有权为代价，部分埃及人口被迫迁移到南谷地区。由于投资者拥有土地的绝对所有权，导致项目进展缓慢，尽管项目庞大的预算来自人民。该地区不会变成居民聚集区和沙漠中心城市，因为居民不愿意迁移到这里，除非分给他们土地。

在阿尔瓦利德·本·塔拉勒获得托斯卡地区10万费丹农业的土地的13年后，以及在水源引入这一地区的八年后，他只种植了1000费丹土地，是他获得土地的1%，尽管政府决定从投资者那里收回土地，但是投资者的收益并未受到影响。

尽管以上的行为违反了法律法规，中间存在腐败，但比起来更严重的是，托斯卡项目造成了巨大的浪费，侵犯了埃及的国家尊严，政府以最低的价格将土地和水资源出售给沙特买家。

很显然，这其中巨大的贪腐触犯了法律法规，更严重的是，政府与沙特买方签订的合同，默许了这种贪腐，造成了巨大的浪费，侵犯了埃及的国家尊严，以及埃及人民所拥有的自然资源。

三　向阿尔瓦利德·本·塔拉勒出售托斯卡土地合同——灾难一瞥及处理方案

1998年9月16日，在前农业部部长优素福·沃利时期，当时由马哈茂德·阿布·塞得尔领导的隶属于农业部的农业发展和工程建设委员会与沙特人阿尔瓦利德·本·塔拉勒领导的国家发展公司签订合同，将托斯卡地区10万费丹土地划给该公司。这是在1997年卡迈勒·甘佐里博士担任政府总理期间的决定。据说当时马哈茂德·阿布·塞得尔因背后的巨大压力，促使他快速签订合同，但由时任农业部部长的优素福·沃利直接负责任，这个合同造成国家财产的损失，以及土地和水资源的浪费，同时揭示了监督和立法机构没有真正地监管政府在公共财产和自然资源上的使用。

根据合同，每费丹土地价格为50埃镑，阿尔瓦利德·本·塔拉勒所获得的土地的总价仅500万埃镑，在签订时支付总额的20%，也就是100万埃镑，根据协议支付剩下的金额，在支付完费用后，将这片土地授权给（卖给）阿尔瓦利德·本·塔拉勒，他拥有整个区域的绝对拥有权。事实上，一个非埃及人在埃及获得公共土地或者农业用地的所有权，是不可能的事。在19世纪后半叶，1876年，奥斯曼帝国颁布法令，允许在埃及的欧洲人和土耳其人拥有土地，这打开了灾难的大门，悲剧不断上演。因为这个法令，1917年外国人在埃及占有的农业土地达71.3万费丹。1930年，大约340万费丹土地被抵押给农业银行、房地产银行和土地银行。倘若没有1913年颁布的禁止抵押少于5英亩的农业土地和公共用地的法律，那么埃及很大一部分农业用地将会被卖给外国人[①]。但是，外国人占有埃及土地的行为并没有结束，直到1951年颁布了禁止外国人对埃及农业土地拥有所有权的法律。这加速了埃及真正的独立，随后发生了1952年的革命政变，埃及发生重大社会变革。如果阿尔瓦利德·本·塔拉勒是犹太复国主义亿万富商鲁伯特·默多克的合作伙伴，该富商拥有罗塔纳电视频道9.1%的股份，那么还有什么能阻止犹太复国主义进入埃及的土地上呢，其通过阿尔瓦利德·本·塔拉勒的公司占有埃及托斯卡地区10万费丹土地。根据合同第九条，乙方也就是阿尔瓦利德·本·塔拉勒有权引入其他合作伙伴进入他的公司。

卖给阿尔瓦利德·本·塔拉勒的土地费用为每费丹50埃镑，

① 《巴勒斯坦人买卖土地的谎言》，《金字塔报》2002年5月6日。

而这个地区的基础设施建设费用为每费丹土地1.1万埃镑，超过卖出价格200多倍，这表明在此次交易中浪费是惊人的。埃及新开垦的土地，在西部沙漠地区距离开罗到亚历山大公路30千米处，每费丹可灌溉土地售价是2万埃镑，是卖给本·塔拉勒的土地价格的1200倍。如果加上开垦这块土地的费用，给本·塔拉勒土地，价格还要低五分之四。这两块地方的本质区别是，托斯卡土地是用最纯净的尼罗河河水灌溉。在沙漠西北地区用井水灌溉，井水灌溉限制了种植农作物类型，时间一长，土地盐碱化程度升高，直到枯竭。

错误并不来自阿尔瓦利德或者是其他人，而是允许外国人在埃及拥有土地所有权。尽管在这方面有惨痛的历史教训，从王国时期到共和国时期，埃及就限制并禁止外国人在埃及拥有土地所有权。

根据阿尔瓦利德·本·塔拉勒在托斯卡地区的土地合同条款，埃及政府要修筑一号施工段即总干渠和必要的提升站，并承担这两个项目的建设和维修费用。同时要按照阿尔瓦利德·本·塔拉勒公司的要求，给它们提供用水，水源要全年流淌。不能在任何时间以任何理由停止供水，除非提前两个月通知，并征得公司书面同意后才可以。如果尼罗河河谷和三角洲的埃及农民轮流用水，从支渠抽水用来灌溉，需要十天，也就是要断水十天。由于考虑到节约用水和轮流给不同的支渠供水，那么这个想法并不适用于阿尔瓦利德·本·塔拉勒，因此为了他的利益牺牲了埃及农民的利益。这些埃及农民贡献了国内生产总值的15%，埃及三分之一的劳动力都在从事农业。沙特买家却得到了来自纳赛尔湖的埃及最纯净的水，而埃及农民却使用从支渠得到的处理过的污水和混合水，以及从阿斯旺到杜姆亚特和拉希德的三角洲灌进尼罗河的生活和工业污水。

本·塔拉勒的公司获得了尼罗河的水，每费丹第一个5000立方米用水价格为每立方米4角埃镑，也就是每费丹一年用水需支付200埃镑。如果每费丹达到6000立方米，每立方米为5角埃镑，每费丹每年水费即为250埃镑。如果每费丹用水量超过6000立方米，那么每立方米6角埃镑。如果我们将这个成本与开垦西部沙漠土地和其他地区的埃及种植者为了获得地下水而挖井和修护井的成本相比，我们会发现阿尔瓦利德·本·塔拉勒所获得的水的费用低于埃及人在各种沙漠地区获得的井水费用的5%。除此之外，井水的质量比尼罗河河水差很多，尼罗河河水可以灌溉所有的植物。而且合同允许本·塔拉勒在未经埃及官方批准的情况下可以种植任何农作物，并有权在没有官方批准的情况下进口各种农作物的种子和动物品种。这是一个真正的悲剧，如果他在蒸发率和生产率很高的热带地区种植极其需水的农作物如大米或者甘蔗，那么这将会破坏埃及的水平衡，并给埃及种植者造成灾难。如果他种植埃及禁止种植的农作物，如烟草甚至是自称有医学用途的麻醉作物，那么埃及政府将无权阻止。这个项目被认为是国家放弃农业部门主权的悲剧。

阿尔瓦利德·本·塔拉勒得益于埃及人民融资的基础设施建设，20年内免交所有的赋税。从给他1000费丹土地后开始生效，也就是说它还未生效。此项豁免包括本·塔拉勒在实施项目时的建筑商，同样包括项目的工作人员，这些工作人员无须交税，另外合同规定了本·塔拉勒的公司聘用外国劳工的权利，不受3年期限的限制，而且可以延期。根据条款，他可以聘用以色列和非以色列员工，享受与埃及员工同样的工作机会。合同还规定本·塔拉勒的公司所需支付的电费可以低于任何一个在埃及的埃及人和外国人。这意味着贸易工业部部长将推迟（2010年4月）已公布的取消扶持工业公司供电的决定，这一决定现在当然不包括本·塔拉勒的公司，因此只要以普通埃及国民的低补贴价供电，那么合同就授予本·塔拉勒以最低价格用电。很显然，本·塔拉勒从埃及的公共开支中得到了一切，而不需要为修建国家基础设施支付任何费用！

合同规定本·塔拉勒在制订施工计划时，拥有绝对的自由，不用征求埃及的意见，在“泰斯盖”官方声明中提到，禁止耕种土地，尽管埃及修建基础设施的费用由全体国民承担，包括来自埃及中产阶级的税款、自然资源收入、工程收入，还有穷人的钱。

最可笑的是，政府和本·塔拉勒的合同使他有权在托斯卡地下或者是他选择的其他地下区域排放农业污水或者可以成为工业污水的流水，条件是埃及政府要保护本·塔拉勒并且不承担任何责任，包括有可能由此产生的债权、索赔、费用和损失。

这一合同的结局是灾难性的，合同在第十三条规定，即根据国际商业委员会调解和仲裁法则，在一个月内未能友好地解决分歧的情况下，应诉诸国际仲裁.

事实上，解决这种腐败合同的唯一办法就是调查签署这一合同背后的原因、利益和关系，并且检查每个参与缔结合同的人的财务状况，以发现任何缔结此合同背后的欺诈行为，当发现这些的时候，就很容易清算所有问题并且收回埃及被掠夺的土地。如果没能发现这笔买卖中的任何腐败，那就可以用各种方式去收回在这片废弃的土地上基础设施所花费的公款，比如向本·塔拉勒和其他以农业目标获得土地但实际没有种植的人收取荒废自然资源的税费。最关键的是通过制定限制外国人土地所有权的法律处理这个灾难，之后国家要收回本·塔拉勒所占有的土地，并且让其承担随之而来的罚款以纠正这一历史失误。

毫无疑问，只有埃及的国家资本能够参与该地区的发展，政府斥巨资建设该地区的基础设施，这些资金来自国家公共预算，也就是来自百姓的钱。应当依法给埃及的失地农民和小农授予这一地区的土地，不管他们是农民还是持有农业相关文凭的中等学校毕业生，或者是高等农业学校毕业生尤其是农村省份的孩子，其次是三角洲地区的孩子们，国家都要给他们强力的援助，通过给他们提供农业发展基金会贷款和社会发展基金会贷款来鼓励他们在托斯卡的种植作物和拥有各方面都比较稳定的生活，由此实现人口到这一地区的真正转移，减缓失业问题，并且在埃及西部沙漠深处建立一个真正的文明。

四 国际社会对托斯卡项目的立场

托斯卡项目作为大坝投资储水项目的一部分，大坝项目不仅实现了由季节性灌区转变为永久灌区、增加农作物种类，还增加了可处理和重复使用的农业废水，可以把这些废水用在尼罗河河谷和旧尼罗河三角洲，以节约从纳赛尔湖抽走的一部分水，并把这些水提供给“托斯卡”的南谷发展项目。

很显然，作为托斯卡项目基础的水资源要么就是上游和本地存在的水资源（地下水），要么就是合理化水的使用后保障尼罗河河水的埃及份额或者保障埃及农业废水重复使用的水资源。尽管如此，托斯卡项目仍被认为是一个国际竞技场，以引起尼罗河河水划分问题和埃及对尼罗河河水的份额问题，项目影响了埃及抽走的尼罗河河水量，还影响了当地环境。

同时，该项目的经济效益在国际上一直存在争议，埃及政府采取了很多激励措施，邀请外国投资者参与。

但是，我们要指出的是，在国际上早就有过关于大坝项目的争议，埃及在开展这个项目时，要防止来自以美国为首的西方国家的破坏。大坝和“托斯卡”这两个项目存在巨大的差异，埃及在20世纪五六十年代，是一个追求独立的阿拉伯国家，大坝项目是埃及悠久灌溉史上最大的项目，是引起了埃及人与河流以及农业关系方面巨大的战略性转变的项目，并且这个项目使埃及的农业有了巨大转变，尤其是开拓了有利于农业横向和纵向扩大的广大区域，也扩展了能源领域，使人们远离水灾、干旱、饥饿。这个项目并不只是一个为了整治不朽之河的巨大的基础设施项目，而是一个加强埃及国家和社会建设的国家项目。因此，对埃及的发展、稳定和独立起了很大作用，同时也激起了埃及的反殖民力量，因为从英国、法国到美国的那些国家并不知道第三世界已经摆脱了殖民主义的祸害，变成了有领导力的大国，正如埃及有能力通过像大坝这样的大型项目来发展经济建设促进社会稳定。因此，西方人百般阻挠大坝项目。

至于托斯卡项目，它在性质上也是一个为了农业横向扩展以及经济、工业、服务业扩展的大项目，是一个拥有创造性的项目。如果考虑项目的社会和经济作用，并忽略政府的那些宣传之辞，那么简而言之，它利用了大坝项目所创造的水资源。必须强调的是南谷发展项目的土地灌溉用的是井水，从本质上讲，在气温和海平面低于托斯卡地区的埃及北部地区建此项目，则有可能以更有效和更经济的形式实现供水。

另外，修建阿斯旺大坝时，埃及正处于历史转折期，当时埃及渴望独立，但是西方国家不愿看到埃及独立，所以项目遭到西方国家的强烈反对。但是在建设托斯卡项目时，埃及与以美国为首的西方国家关系稳固，因为美国不确定对埃及等阿拉伯国家的立场，在阿以冲突中，美国一直站在以色列一方，所以利用埃及来为美国的国家战略服务。美国没有帮助埃及发展经济，还以卑鄙的手段与以色列协调推翻联合国教科文组织主席的埃及候选人法克·霍斯克。事实上这为没有西方反对的托斯卡项目的实施进程做出了贡献，还给一些西方公司加入项目提供了机会，无论它们是通过提供机器参与还是表示直接参与投资。并且为项目获得服从于西方和美国霸权的国际金融机构——如世界银行——的肯定提供了机会。

尽管“托斯卡”项目没有像阿斯旺大坝那样遭到西方国家的反对，但是仍会面临国际社会的反应和评估。

尼罗河流域国家，特别是埃塞俄比亚在海尔·马利亚姆·门格斯图政权倒台后，表达了对现有尼罗河河水分配方案的不满。尽管埃及与埃塞俄比亚关系友好，但是这种反感仍然存在，随着南谷发展项目“托斯卡”的开工，埃塞俄比亚领导人立场坚定地表达了看法，抱怨了现在的水分配协议，并强调，需要制订新的尼罗河河水分配方案，给流域每个国家应有的权利。埃塞俄比亚领导人提出，将在本国的青尼罗河上修建两座大坝，在其他地区修建两座大坝和一些小型水利工程，这些工程不影响尼罗河河水流向苏丹和埃及[①]。在同一方面，埃塞俄比亚农业部在其报告中呼吁在农业中减少对雨水的依赖，要通过在河流上建设大坝来发展灌溉项目，以增加农业灌溉面积，使灌溉面积达到350万费丹，目前埃塞俄比亚只有161万费丹。[②]

有关会议于1998年2月在亚的斯亚贝巴召开，埃塞俄比亚在一份研究报告中提醒埃及开凿运河的困难（运河指的是托斯卡项目的灌溉运河，又称为谢赫·扎耶德运河），并指责在托斯卡项目实施之后，埃及和苏丹想独享尼罗河河水，而不是与其他的流域国家合作，它们在没有征得其他国家同意的情况下，扩大尼罗河流域内外灌溉。[③]

乌干达与埃及的关系稳定，在水域合作上也非常成功，主要表现在埃及帮助乌干达在欧文瀑布上修建发电和蓄水工程，但是蓄水没有完成，因为蓄水需要维多利亚湖周边国家的同意。这并没有阻止乌干达国会成员在1998年10月要求向埃及和苏丹出售水，虽然这不是一个正式的要求。美国CNN电台报道了这个新闻，并且给予特别关注，试图通过它引起埃及与邻国间的矛盾。

至于苏丹，对托斯卡项目的态度很明确，一直没有反对这个项目。根据埃及与苏丹签订的尼罗河水协议，它可以在埃及的共享框架下获得水资源。

---

① 《金字塔报》1998年7月29日。

② 《金字塔报》1998年3月8日。

③ 同上。

与此同时，埃及加强与尼罗河流域国家的关系，给它们农业和灌溉上的帮助，帮助肯尼亚挖掘了很多地下水。向乌干达提供价值830万美元的设备，同时帮助坦桑尼亚挖掘地下水，并帮助它们建立了坦桑尼亚水利研究中心。①

托斯卡项目实施过程中，一些国家提出要注意保护环境，另外有欧洲小国反对该项目。美国大使馆1998年7月在关于埃及经济的报告中描述了托斯卡项目的建设成本和目标，包括在15年内埃及的农业土地面积将会增加一倍，预计该项目将耗资885亿美元，其中50亿美元用于基础建设，给投资者的优惠政策包括减免税收和低价提供土地，报告中对该项目会对环境造成的影响提出了担忧。②

驻开罗的欧盟委员会代表表达了他们的立场，欧盟委员会对托斯卡项目的态度和美国一样，欧盟成员荷兰对该项目提出反对，指出该项目使用大量的尼罗河河水，不但不会有收益，而且会影响周边地区的生态环境。

与荷兰立场不同的是，比利时表达了对项目的支持，并且与埃及政府签订了协议，比利时企业家投资托斯卡项目中14.5万费丹的土地，用来生产乳制品和肉制品，通过比利时驻埃及的公司出口到国外。③

对于国际组织而言，世界粮食农业组织（FAO）在项目启动后，与项目实施方有过接触，认为该项目是可行的，并于1997年的观察报告中提到该项目的主要数据和必要的基础建设工程，还提出了一些指导意见，比如在托斯卡地区不宜种植水稻，建议种植椰

---

① 《跟随埃及水利学校》，《金字塔报》1998年5月3日。

② 《外国经济发展其对美国的影响》，由美国大使馆提供的阿拉伯埃及共和国报告，开罗，1998年7月2日。

③ 埃及的比利时农场面积14.5万费丹，在托斯卡地区，出口肉和奶制品，《金字塔报》1998年3月1日。

枣和小麦，使用点式灌溉，这样可以节约水；修建储水设施；利用太阳能运行托斯卡的一些项目；使用生物肥料、化肥来增加土地养分；同时还可以修建养鱼场和种植椰枣等农作物的养殖场。[①]

至于世界银行，已宣布准备为南谷发展水利项目融资，同时原则上同意给该项目提供3亿美元的贷款，我们前面提到过。其他一些国际金融机构也宣布准备加入该项目的融资。

总之，关于托斯卡项目的国际争议在这个项目刚开始启动时就存在，一些投资国和国际机构表示支持该项目，这和埃及与美国为首的西方国家的关系有关。埃及与尼罗河流域国家的关系也非常重要。

① 《FAO：托斯卡项目花费了60亿埃镑》，《中东报》1997年8月6日。

第四章

主要水战略适用范围和应用效率

近几年，一些国家的官方媒体经常报道埃及遇到的水资源紧缺问题，这些舆论来自企图在埃及制造恐慌的犹太复国主义者。媒体的各种报道或多或少地制造了一些紧张，使埃及人民开始担心水问题，但是事情并没有想象的那么严重。面对这种发展需要制定法律法规来规范合理化用水，如规定在新开垦的土地上使用新的灌溉方法，以及制定对乱排污水的行为的惩罚措施等等。虽然这些想法并没有编订成法律法规，因为埃及人一直对水资源感到放心，即使这种放心没有根据。这条广阔的河流将埃及从最南端到最北端分割开，有天然分支也有人工挖掘的分支，埃及人围绕着这些分支生活。这条河流给埃及人民带来了丰厚的给养。20 世纪 80 年代连年的干旱对所有的尼罗河流域国家造成严重影响，但是埃及却从这场干旱中幸免，人和动植物没有受到任何的影响，这要归功于阿斯旺大坝——世界上最伟大的基础设施工程。

但是那场持续了七年的干旱，几乎用光了纳赛尔湖所有的水，这引起了科学界精英、新闻媒体和政府的强烈反响，呼吁合理化用水，商讨在埃及人均用水量持续下降，突发干旱的情况下将如何应对。将来要限制农业耕地的扩张，改变灌溉方式，结合埃及的水资源，用这些方式来应对日益增加的水需求和人口数量。由于缺水问题日益严重，所以必须采取有效措施提高水资源利用效率，但这需要与流域内的其他国家合作，共同开发尼罗河河水。

虽然得益于阿斯旺大坝，埃及得以平安度过20世纪80年代持续七年的干旱，但是埃及当前与未来的水需求问题是永远存在的，这需要科学界不断地研究探索，这是埃及水资源和灌溉部所有决策和政策的中心，具体而言就是如何有效用水、农作物对埃及的适应情况，以及未来发展水资源的各种限制。

接下来我们将讨论，面对将来人口迅速增长，生活用水量不断增加，农业扩张，工业发展迅速，我们将怎么做。首先我们分析政府面对将来水短缺问题的对策。

一　埃及未来水需求和水命运

埃及和海湾国家以及约旦、利比亚、阿尔及利亚被认为是世界上消耗可再生水资源最多的国家，这些国家通过增加处理过的生活用水，增加水量，来应对地下水的过度使用。当前埃及人口增长迅速，农业、工业扩张的背景下不断增加的用水量，以及上述提到的其他阿拉伯国家增加的海水淡化量，都是由家庭、农业、工业的水需求量的快速增长引起的。

下面我们先看看未来埃及大概的人口增长，根据埃及政府发布的报告，2008年人口达到大约7910万人。① 在1980年人口是4060万人，1990年大约为5190万人，2000年大约为6400万人，② 这些数字反映出埃及人口增长的速度。自20世纪60年代，埃及人口年增长率下降至2.6%。

无论如何，目前埃及的人口增长率高于那些和埃及经济状况类似、人均收入水平和埃及同一水平的国家。1990—2007年，埃及人

① 埃及中央银行：《月统计报告》，2009年9月，第120页。

② 《1995—2003年统计报告》，中央公众动员和统计局2004年版，第11页。

口年均增长率为1.8%，在此期间，和埃及相同的中低收入国家的年均人口增长率为1.3%。报告还指出，2008—2010年，埃及的年均人口增长率将达1.7%，同一时期，其他中低收入国家平均人口增长率为1%。[①] 可以通过人口增长产生的劳动力来转变成大量的生产力，但埃及社会没有足够的工作机会来解决这些增长的劳动力，因此引起了高失业率、高救助率、高贫困率。人口快速增长导致对水的需求也越来越大，人均用水量将不断减少。在尼罗河上游修建新的项目，可以增加水资源，但应对像这样的人口增长速度，仅靠水资源领域的工程，效用是有限的，需要制定一个行之有效的规划来解决水资源紧张的问题，如改变灌溉模式、合理化用水、提高用水效率和汇水量，以及依照有效的合作议程在河流上游修建新型项目，但要确保合作议程是建立在对流域国家特别是河流源头的两个国家即埃塞俄比亚和乌干达以及对苏丹公平分配水资源的基础上。

对于埃及人口迅速增长，联合国预测埃及人口在2015年将达到8620万人。[②] 世界银行也在关于世界发展报告（1990年）中预测埃及人口数量的假定规模为1.4亿人，2020年可能达到这个数字。[③]

无论如何，埃及人口的快速增长将带动生活、农业、工业用水量的增加。在水资源利用方面，水资源和灌溉部只是制定水资源的政策，并没有做出水利用方面的切实可行的规划。政府必须采取有效措施，来合理利用水资源。

水资源和灌溉部前部长在2000年1月的研讨会上的发言中提到，埃及农业用水量从1997年的521.3亿立方米上升至2017年的

---

① 世界银行：《世界发展指标》，2009年，第40—42页。

② 联合国：《2007年至2008年人类发展报告》，第233页。

③ 世界银行：《关于1990年世界发展的估计》，阿文版，第260—262页。

671.3 亿立方米，这期间的增长率是 28.8%。同时从尼罗河和运河蒸发的水在 1997 年是21 亿立方米，因为开凿新运河，到 2017 年将上升到 23 亿立方米，上述时期增长率为 9.5%。同样，家庭用水量从 1997 年的 45.4 亿立方米上升至 2017 年的 66 亿立方米，在上述时期增长率为 45.1%。至于埃及工业水消耗量，从 1998 年的 74.2 亿立方米上升至 2017 年的 105.7 亿立方米，其增长率为 42.3%。对于河流航运的水需求量将一直保持在 1.5 亿立方米。因此，埃及水需求总量将从 1998 年的 663.4 亿立方米上升至 2017 年的 867.4 亿立方米，增加了 204 亿立方米，这一时期增长比率为 30.8%。参考表 7。

世界银行的报告指出，埃及一年的总用水量到 2007 年将达到 683 亿立方米。农业领域占总用水量的 86%，大约 587.4 亿立方米，十年内增加了 66.1 亿立方米，按照这个速度，到 2017 年，埃及的农业用水量将达到 655 亿立方米。

根据水资源和灌溉部正式公布的横向农业拓展项目，水资源和灌溉部前部长指出埃及农业领域水消耗量的预计增加量与额外的水需求量有很大不同，[①] 到 2017 年，横向农业拓展项目所包含的土地面积达到了 354 万费丹，实际供水土地为 363.7 万费丹，剩下的土地，大约 7.3 万费丹在三角洲中部，大约 7.78 万费丹在埃及中部，大约 154 万费丹在上埃及、绿洲和南谷。

如果真的开垦这么多的耕地，那么用水量到 2017 年将达到 791.3 亿立方米，根据 1987/1988—1991/1992 年度的五年计划显示，在新开垦的土地上，每费丹的耕地使用喷灌或滴灌方式，将使用 851 立方米的水。[②] 在这种情况下，根据 1987/1988—1991/1992

---

① 世界银行：《世界发展指标》，2009 年，第 150 页。

② 拉什迪·赛义德：《过去和将来尼罗河水的起源和使用》，新月出版社 1993 年版，第 294 页。

年度五年计划所规定的每年每费丹土地的平均需求量，水资源和灌溉部的数据指出，到2017年将开垦和种植的面积大约318万费丹，需要270亿立方米的水，平均每费丹每年需要8510立方米。也就是说，在实施了横向农业拓展项目的情况下，埃及未来各个领域的水需求总量到2017年将上升至987.4亿立方米，而不是水资源和灌溉部之前预测的867.4亿立方米，有必要指出的是，开垦农业土地的措施已逐渐瓦解，开垦土地在2005/2006年度、2006/2007年度、2007/2008年度三年内还没有超过1.21万费丹，在杰麦尔·阿卜杜勒·纳赛尔时期开垦数目每年大约为70万费丹，从1981/1982年度到2002/2003年度，大约为5.97万费丹，以上数据来自公共动员和统计局。

所以在这种情况下，水资源和灌溉部要么减少开垦耕地面积，要么增加农业用水。和1997年的年用水量150亿立方米相比，2017年用水量将远超这个数字，将会达到280亿立方米。水资源和灌溉部应该制订一个科学计划来给横向农业拓展提供大量的水，不管是通过增加新的水资源，还是通过合理化用水来将节约下来的水使用在种植开垦土地上，或者改变农作物结构，集中种植用水量少的农作物；纵向拓展农业，从基础上增加土地产量和农业劳工。

当前情况下，埃及确实需要在纵向、横向农业拓展上实现质的提升，因为埃及当前的农业产量不能满足国内的需求，尤其是以粮食为主的战略物资。埃及农业生产效率低下，例如以棉花为主的战略物资回报率与夏季农作物相比要低很多，从而使过去以种植棉花为主的农民转而种植其他农作物，埃及反而要进口棉花。埃及粮食贸易赤字在2008/2009年度已经达到了20.105亿美元，埃及出口的粮食价值2.385亿美元，其中大部分是大米和粮食油料。进口22.49亿美元，其中12.27亿美元为进口小麦。5.14亿美元进口玉米，大约2.952亿美元进口榨油粮食。食品类（包括未加工农产品、半成品或成品）的赤字为27.95亿美元，甚至棉花、棉花制品以及其他纺织原料的贸易赤字高达1.857亿美元。[①]

正如我们所了解到的，埃及极其需要横向、纵向农业拓展来改变严重失衡的农业贸易，填补粮食的不足。20世纪60年代，在纳赛尔时期，埃及实行独立政策，不愿成为美国的追随者。美国切断向埃及提供种子，用这种不道德的方式向埃及政府施压。在当前水资源形势紧张和农产品贸易存在大额赤字的情况下，最重要的是合理用水，发展水资源，拓展农田。

埃及除农业以外的用水量，主要是生活用水，需要增加净化水服务网点，虽然其已经覆盖整个埃及，但网点的增加非常有必要，它可以保障埃及人民的身体健康。但是现在在运输过程中存在严重的浪费，需要采取必要措施，减少浪费。

工业用水的增加是非常有必要的，因为发展工业就是发展埃及经济，并能使埃及成为工业发达国家，世界各国工业用水的回报率都远远高于农业用水。

瑞典女科学家马伦·法尔肯马克建立了一个数据模型来衡量水资源是否短缺，制定了三个数值标准：（1）当人均年用水量低于1700立方米，超出1000立方米，这种情况下，这个国家就会被认为是水压力国家。（2）当人均年用水量在500立方米和1000立方米之间，这个国家就被认为是水短缺国家。（3）如果人均年用水量少于500立方米，那么这个国家就是极度水资源短缺国家。[②]

1994年国际人口行动组织的数据显示，埃及人均用水量，1990年为1064立方米（水压力国家）到2020年下降至605立方米（水短缺国家），到2050年，将下降至502立方米（极度水资源短缺国家的边缘）。[③] 但是这些预测是建立在水资源不再增长，人口可能增

---

① 埃及中央银行：《月统计指数》，2009年9月，第89页。

② 安妮·贝尔：《生活给大家的难道不够吗？》，《联合国教科文组织》1996年第138期。

③ 同上书，第170页。

加的情况下。当下，埃及为了和流域国家合理开发水资源，平均分配水资源，正积极地与流域国家展开合作。虽然埃及当前可用水资源和未来需求之间存在差距，但也必须在安全卫生的前提下缩小这个差距。

二　埃及水资源利用效率

有几个标准可以测量一个国家的水资源利用效率，比如分配给每个领域的用水比率以及在运输、储蓄过程中的损耗比率，还有使用水资源种植的农业产量的自给自足，在这个领域，埃及在以棉花和玉米为主的战略农作物上有很大的赤字，但是国际上认定水资源利用效率最重要的指标是"水产量"，即国家使用的每立方米淡水产生的 GDP。

根据这个指标，埃及在世界上排名很低。正如我们前面提到的那样，埃及水消耗量在 2007 年已达到 683 亿立方米，而埃及的 GDP 在 2007/2008 年为 8926 亿埃镑，[①] 那就意味着每立方米的水产生的 GDP 达到了 13.1 埃镑，大约 2.3 美元。2008 年，每立方米水所产生的 GDP 的全球平均值达到了 10.3 美元，平均值在大约 8.8 美元以下是中低收入国家，大约 3.2 美元以下为低收入国家，埃及属于低收入国家，达到 31.6 美元的为高收入国家。[②]

至于农作物面积，在数据上，农业部和公共动员和统计局存在分歧，后者的数据可能更准确。如果埃及农作物面积在 2007/2008 年有大约 1300 万费丹，正如我们之前提到的，那一时期埃及农业水消耗量约 587.4 亿立方米，这意味着每种农作物每费丹平均消耗量达到了 4518 立方米。

---

① 埃及中央银行：《月统计指标》，2009 年 9 月，第 128 页。

② 世界银行：《世界发展指标》，2009 年，第 150—152 页。

灌溉部指出自阿斯旺市排出的用于灌溉的水量到达主运河时由于蒸发和泄漏，每年损耗107亿立方米。实际用于灌溉农田作物的水量则不超过300亿立方米，这就意味着从阿斯旺到埃及的每块田野，用作农业的水量大约占51%。

即使我们采用了由农业部门提供的数据，即850万费丹，但该数据不适用于谷地和三角洲地区实际已经完成建设的农田及非农业用地，平均每费丹用水约6910立方米，大量的水在运输与存储的过程中损耗。

三 用水缺口和应对策略

目前，埃及为了缓解水资源不足的情况，政府开始使用低质量的处理过的污水，此外还过度使用一些地区的地下水，特别是开罗和亚历山大交界处沙漠公路的地下水。随着人口的增加，埃及的水需求仍将不断增多，水资源紧张的问题在未来必将加剧。因此需要水利部提出针对水源不足问题的应对措施。表9数据指出1997年埃及水资源总量达到了672.7亿立方米，其中555亿立方米的水来自尼罗河，大约48亿立方米的水来自谷地和三角洲的地下水，大约49亿立方米来自三角洲，约有5.7亿立方米的水来自沙漠地区的地下水，约有1.5亿立方米的水来自大量的灌溉发展项目，约有2亿立方米是处理过的污水，约有10亿立方米来自雨水、北岸的急流和北方地区。

对于承受水压力的国家来讲，补足水资源量和使用量之间的差距是重中之重，水资源和灌溉部前任部长指出，目前埃及每年的水资源达到了867.4亿立方米。与2017年的需求量相比，在横向拓展农业生产项目全面实施的情况下，水资源需求量将达到987.4亿立方米，根据水资源和灌溉部部长的声明，1997—2017年水资源不足所要求的补给量达到了150亿立方米，而在由政府公布的2005

年总统和议会选举方案中强调的扩大农业生产项目实施十多年的情况下，水补给量将会提高到315亿立方米。

看表9中所展示的水资源情况，数据来自水资源和灌溉部前任部长发表的关于2017年埃及可以利用的水资源的讲话，这些资源的固定部分是555亿立方米的埃及尼罗河河水加上20亿立方米的詹加利运河河水。同时，谷地和三角洲地区使用的地下水达到75亿立方米，三角洲地区废水再利用量增加到84亿立方米，农作物结构调整节省了30亿立方米的水，水利发展项目节省了40亿立方米的水。同样，沙漠地区地下水达到了37.7亿立方米，同时，处理过的废水量有20亿立方米，北岸和其他地区的降雨和急流增加到了15亿立方米。因此，直到2017年埃及未来可以利用的水资源总量约有786.7亿立方米。根据水力资源部部长的设想，这足够应对埃及的用水，但是如果全面实施上面所提到的横向农业拓展项目，将使埃及一年的水需求量增加到987.4亿立方米，相比于前不久世界银行报告公布的数据所指出的埃及2007年水消耗量增加了304.4亿立方米。

在全面实行横向农业拓展项目的情况下，要避免未来出现用水短缺的问题，其最重要的就是将水资源提升到战略高度。政府用水政策研究如表9内容所示。该表为水资源和灌溉部前任部长所作。研究指出用耗水量少的甜菜来替代耗水量高的甘蔗，但没有确定用哪种物产来代替水稻，不知道在替代过程中的收益和节水量以及成本计算和经济收益是多少，仅说明将水稻的种植面积减少到90万费丹且集中种植在三角洲北方地区。种植水稻也并非完全不可行，要保证三角洲北方各省份充分使用运河中的水，提升地下浅层淡水水位来阻挡从海中以及地下渗出咸水对三角洲最北部的含水地区构成的威胁，确保有充足的淡水。

水资源和灌溉部前任部长（马哈茂德·阿布·佐德）作的表9中粗略地指出，基于这个需要灵活的农业周期和价格政策、市场因素导致作物结构变化的农业扶持政策的项目，2017 年由作物结构变化引起的节水量将达到30 亿立方米。由作物结构改变来节水的设想，在没有政策推动的情况下，仅仅是一个美好期望，无法实现。

必须指出，这个数字是相当适中的，而且有极大的可能通过作物结构的改变来加强节水，条件正如之前提到的，通过不同的机制来实行转变策略。例如用甜菜代替甘蔗，因此从 1998 年到 1999 年甜菜的种植面积达到了约 26.5 万费丹[①]，据灌溉部前部长易卜拉欣·扎基·凯纳维所述，一年中每费丹甘蔗平均需水量达到了 1.78 万立方米[②]，因此，1998—1999 年种植了 26.5 万费丹甘蔗，水需求量大约为 47.17 亿立方米。实际上政府并没有按照设想减少种植面积，有官方数据显示，2007—2008 年，甘蔗的种植面积反而增加到了 33 万费丹。[③]

1998—1999 年甘蔗产量约 1260 万吨[④]，由于甘蔗中糖浓度达 11%[⑤]，1998—1999 年所有种植甘蔗的地区生产的糖约为 138.6 万吨，一吨糖需要大约 3403 立方米的水（假设每费丹平均消费约 1.78 万立方米），同时还需要农民忙碌整整一年。即使平均耗水降低，不超过 1.3 万立方米，在甘蔗中生产一吨糖所必需的水量依然高达 2597 立方米。

一费丹甜菜的净需水量为 3286 立方米。[⑥] 一费丹甜菜最大耗水量为 4000 立方米。一费丹约生产 16.5 吨甜菜（1998—1999 年），

① 地方银行：《经济公报》2000 年第 53 卷第 1 期，第 130 页。

② 拉什迪·赛义德：《过去和将来尼罗河水的起源和使用》，新月出版社 1993 年版，第 293 页。

③ 埃及中央银行：《统计月报》，2009 年 9 月，第 133 页。

④ 地方银行：《经济公报》2000 年第 53 卷第 1 期，第 130 页。

⑤ 国家专业委员会：《国家经济事务委员会统计》1998—1999 年第 25 期，第 345 页。

⑥ 水资源和灌溉部部长报告，重要信息中心。

含糖量达16%[①]，也就是说一费丹的甜菜生产约2.64吨糖。因此，从甜菜中提炼一吨糖最多需要1515立方米的水。参照上文的数据来看，从甜菜中生产一吨糖所需要的水最大限度上不会超过从甘蔗中生产一吨糖所需水的58.3%。通常，甜菜占地6—7个月，而甘蔗需要一年，也就是说甜菜生产大概是甘蔗生产一次作物所需时间的一半。

根据前面所提到的，由于一费丹甘蔗与甜菜耗水相差悬殊，用甜菜完全代替甘蔗将会节约24亿立方米到37亿立方米的水。即使在边缘地区继续种植甘蔗，将其作为一种受欢迎的饮料提供给饮料店，那么，将甜菜种植在绝大部分之前种植甘蔗的地区每年可以节水25亿立方米，需要转变作物的这些地区主要集中在埃及南部热带地区，这片区域由于蒸腾和蒸发速率的提升而消耗了大量的水。

根据气候条件和实际生产力水平做一个客观对比，甜菜胜过甘蔗很多，如果1998—1999年用26.5万费丹种植甘蔗，一整年可以生产约138.6万吨糖，而如果用这些地区种植六个月的甜菜，则会生产70万吨糖，而且土地有六个月的时间来种植其他作物，且比甘蔗消耗更少的水。2007—2008年，种植33万费丹的甘蔗，生产1690万吨的糖，如果用同样面积的地来种植甜菜，可以生产1859万吨糖，根据前一年甜菜每费丹达17.9吨的生产水平[②]，种植591万吨甜菜，则可以在六个月内生产94.6万吨糖，闲置的土地用来种植其他作物，且平均耗水量不及甘蔗耗水量的一半。在甜菜代替甘蔗的情况下，土地的收益比种植甘蔗要好，此外，还节省了大量的水，在横向农业拓展计划内，这些水可以用在新开垦的土地上。

---

① 国家专业委员会：《国家经济事务委员会统计》1998—1999年第25期，第345页。

② 埃及中央银行：《统计月报》2009年9月，第133页。

综上所述，通过农作物结构的调整，实现节约30亿立方米的水是完全可能的。这是将甘蔗换成另一种作物甜菜而引起的转变，更不用说如果这种转变普遍应用于大多数喜水作物如水稻，会节约更多的水。

这一季度的《政府文件》中提到：必须为发展灌溉方法制订详细计划，通过发展灌溉网减少所有水道的损耗。这是积极的、正确的观点。

观察水资源和灌溉部前部长所发布的信息（如表9所示），我们可以发现：将于2017年完成施工的灌溉发展计划所节约的水将会使埃及每年增加30亿立方米的水。这是一个保守的数字，因为水在农业使用上有很大的浪费，如在运输过程、农田损失以及不合理的灌溉中都存在着浪费。要实现这种节约需要推出切实可行的操作方法，但至少至今还没有在果蔬的种植上进行调节。

《政府文件》指出，也可以通过拓展在谷地、三角洲及谷地南部的地下水井来增加水资源，但并没有制订任何计划来实施它，也没有考虑其花费和收益，从及水质的保护机制，尤其是在浅层地下水和环境都遭到破坏的谷地和三角洲地区。

表9说明，谷地和三角洲地区地下水的使用量将会从1997年的48亿立方米增加到2017年的75亿立方米。这个结果和著名地质学家拉什迪·赛义德博士所指出的一致，即在不用担心海水浸入三角洲北部地下水库的情况下，谷地和三角洲地区地下水一年的使用量可以增加到70亿立方米，新的研究证明了科学家们传统上认为过多水的流出会导致海水代替流出的水进入三角洲地下水库的观念是错误的[①]。

关于沙漠地区特别是南部谷地的地下水库，表9指出，每年水

---

① 拉什迪·赛义德：《过去和将来尼罗河水的起源和使用》，新月出版社1993年版，第296页。

的流出量从 1997 年的 5.7 亿立方米增加到 2017 年的 37.7 亿立方米。

表 9 还指出三角洲地区的废水再利用量从 1997 年的 49 亿立方米增加到了 2017 年的 84 亿立方米。增加一年内再利用的农业废水量必须要保证处理后的农业废水在灌溉中的安全使用及其中盐含量和污染的升高不会对土壤造成损害，必须严格控制使用量，尤其是为了不扩张大部分农村的排水网，在污染加重的情况下，农业废水的控制尤为重要。

国家专业委员会的研究指出，注入尼罗河且其中含有大量化学材料和化合物的农业废水非常危险，此外还有大量的农村和城市污水也会流入。有 72 条农业排水管直接注入废水是尼罗河河水污染的原因，这引发了大量不同程度的疾病在两岸人民中流行，主要有肝硬化、肾功能衰竭、恶性肿瘤[①]。

至于处理过的可用于农业的废水，如表 9 所示，从 1997 年的 2 亿立方米增加到 2017 年的 20 亿立方米。必须要严格控制污水的处理，才不会导致灌溉区土地受到污染，进而危害靠这片土地生存的人类和动植物的健康。即使是在安全处理污水的情况下，也最好只用于灌溉树木、生产纤维作物。

《政府文件》还提到北岸及其他地区的降雨及洪流的使用量增加到了 15 亿立方米，要注意的是，就像表 9 指出的那样，1997 年的使用量为 10 亿立方米。同样，《政府文件》也指出研究纳赛尔湖湖水损耗的重要性，但没有提出减少损耗的办法。

《政府文件》还指出，不应该依赖于尼罗河上游项目如詹加利运河项目、加扎勒河项目、马查尔运河，因为这些项目位于埃及控制范围之外，所以保障不了当下关于水域的战略部署。水资源与灌溉部前部长在 2000 年参加的一次座谈会中指出：假设项目

① 哈姆迪·阿布·凯勒：《埃及与尼罗河》1995 年第 4 期，第 34 页。

完成，未来埃及可以利用的水资源包括来自詹加利运河项目的20亿立方米的水（参考表9），而这件事至少在2017年以前是不会实现的。

表7　　1997年埃及实际水需求和2017年预计需求量

用水领域	1997年实际水需求量（亿立方米）	2017年预计水需求量（亿立方米）
农业	521．3	671．3
尼罗河和运河的蒸发	21	23
饮用与生活用水	45．4	66
工业	74．2	105．6
河运	1．5	1．5
总计	663．4	867．4

资料来源：水资源和灌溉部前部长在“埃及新千年”座谈会中的讲话，开罗大学未来研究中心，2000年11月15—18日，此文在《工程师杂志》2000年第528期发表。

表8　　当前与未来农业横向拓展项目（2017年前）　单位：千费丹

地区	总面积	已完成供水的面积	正在进行农耕的面积	至2017年决定开垦的面积
西塞勒姆	220	86	134	—
苏伊士运河西部	40	20	20	—
分散地区	204	—	104	100
三角洲东部地区小计	464	106	258	100
三角洲中部分散地区	122	49	73	—
哈玛姆区	65	—	65	—
二号公元	75	10	65	—
纳斯尔运河	42	30	12	—
法拉格河谷	60	12.5	47.5	—
哈玛姆延展区	148	—	148	—
分散地区	106	12	5	89
三角洲西部地区小计	496	64.5	342.5	89

续表

地区	总面积	已完成供水的面积	正在进行农耕的面积	至2017年决定开垦的面积
东塞勒姆	400	17	248	135
苏伊士运河东部	40	—	40	—
西奈半岛中部	250	—	—	250
分散地区	34	6.5	27.5	—
西奈半岛小计	724	23.5	315.5	385
埃及中部分散区	88.8	11	57.1	20.7
纳克拉河谷	65	5	60	—
苏阿德河谷	30	10	20	—
库姆欧博河谷	75	—	—	75
拉克塔河谷	175	—	—	175
分散地区	186.5	35	98.5	53
上埃及地区小计	531.5	50	178.5	303
绿洲分散地区	252	55.7	24.5	171.8
谢赫扎伊德运河	540	—	—	540
东韦纳	200	4	96	100
阿拉比阿路	12	—	12	—
托斯卡东北部	50	—	—	50
哈拉比和沙拉丁	60	—	—	60
谷地南部地区小计	862	4	648	210
总计	354.3	363.2	1897.1	1279.5

资料来源：水资源灌溉部策划部门，地理信息组。

表9　　1997年埃及实际使用水资源及2017年可用的水资源

水资源来源	1997年实际利用水资源（亿立方米）	2017年可用水资源（亿立方米）
尼罗河河水	555	555
詹加利运河项目	—	20
尼罗河谷地和三角洲地下水	48	75

续表

水资源来源	1997年实际利用水资源（亿立方米）	2017年可用水资源（亿立方米）
尼罗河三角洲再利用水	49	84
减少尼罗河河水入海量	1.5	—
优化农业结构	—	30
开发灌溉工程节约的水	1.5	40
沙漠地下水库	5.7	37.7
生活废水	2	20
北岸降雨及洪流	10	15
总计	672.7	876.7

资料来源：水资源和灌溉部前部长在“埃及新千年”座谈会中的讲话，开罗大学未来研究中心，2000年11月15—18日，此文在《工程师杂志》2000年第528期发表。

表10　　埃及水资源

水资源	水量（亿立方米/年）	用途	水量（亿立方米/年）
尼罗河	555	农业	593
地下水	61	工业	78
农业用水	57	家庭及公共用水	65
生活用水	13	河运	3
降雨	13		
总计	699	总计	766

资料来源：中央统计局研究，2007年。

第五章

埃及与尼罗河流域国家间的水资源关系及在苏丹发展背景下的未来展望

世界上的文明，都与河流结下了不解之缘，古巴比伦和两河，古埃及与尼罗河，古印度与恒河，古中国与黄河、长江均是如此，但是没有一种人类文明对河流的依赖，达到了古埃及人与尼罗河的程度。在公元前四千纪中期，这里诞生了人类有史以来的第一个文明——古埃及。

埃及人口97%居住在尼罗河沿岸和她的三角洲上，而这些地区还不到埃及总面积的4%。在有些省份，每平方千米的人口密度达到了800人，但是在另外一些地方却几乎一个人都没有。如果没有尼罗河，埃及全境都会成为沙漠。由于广大的沙漠上空干燥而酷热，从地中海上升的空气中的水分立即蒸发或被吸收了，这就使埃及雨量很少。在南部的阿斯旺一带，几乎处于无雨状态，那里有些七八十岁的老人，一生没有见过下雨。

远在人类还不懂得灌溉以前，尼罗河就给她所流经的土地实施了灌溉。大量源自埃塞俄比亚热带高原的水涌向埃及，使人、动植物能够繁衍生长。在这样的背景下，自19世纪穆罕默德·阿里时期现代埃及建立后，埃及人口开始快速增长，水需求开始逐步增多，埃及想要控制河流来调节水源，以使其全年稳定，减少每年泛滥的危险，储存水以便在水短缺的时候使用，在尼罗河流域修建了一系列的水利工程。埃及无论是在穆罕默德·阿里时期还是在伊斯梅尔时期实施水利工程都不受任何国际条约的约束，他们在19世纪完成了与灌溉和农业有关的大坝、水渠等工程，流到埃及的水来自上游各个国家，是尼罗河源头的国家和地区需求之外的水，也就是说埃及没有越权，仅仅是利用流经埃及的水资源。统一使用水资源，已经成为埃及人民不可或缺的历史性权利，因为这种权利与水是否充盈无关，而是与生活所需水量有关。

当殖民主义列强开始对尼罗河流域国家进行侵略并且将它们相继占领后，殖民主义列强开始代表其殖民地，水资源的使用和管理与对水资源的历史性瓜分以及殖民主义国家之间的利益有关。国际法的继承原则，是确定尼罗河流域国家间水资源关系和水资源划分的一个重要根据。

一 埃及与尼罗河流域各国间的尼罗河协议

埃及和尼罗河流域国家签订了很多协议，有些是埃及与这些国家直接签署的，有些是埃及被英国殖民时期，由英国代替埃及签署的，还有些是与殖民流域国家的殖民国家签订的。其中有关尼罗河河水的协议，是由当时占领埃及的英国签订的。1881年4月15日，与意大利签署协议，当时意大利殖民厄立特里亚。该协议是在意大利没有修建任何灌溉工程的情况下签订的。同时，英国与埃塞俄比亚在1902年5月15日签署协议。由埃塞俄比亚国王孟尼利克二世签署的该协议，内容包括不允许在青尼罗河和塔纳湖以及索巴特河上修建任何工程，除非英国和苏丹同意[①]。这个协议是由埃塞俄比亚方面和埃及、苏丹之间的用水关系决定

① 拉什迪·赛义德：《过去和将来尼罗河水的起源和使用》，新月出版社1993年版，第275、276页。

的。此后无论是由于水需求增长的原因，还是外在原因，埃塞俄比亚都试图解除此协议。根据国际法规定，如果一条河流流域的一个国家使用一年该河流的水，它们拥有水的永久地役权，那么埃及紧邻尼罗河，是河流下游国家并位于入海口，它将历史性地成为第一个获取尼罗河水资源权利的国家。

1906 年 9 月，英国、法国、意大利三国在伦敦签署了关于埃塞俄比亚水资源的协议，协议第四条规定，三个国家同意保证尼罗河流域内英国和埃及的利益，特别是保证青尼罗河及其支流流入埃及。在 1894 年 5 月 12 日，由英国殖民的埃及和被比利时殖民的刚果签订协议，在协议的第三条中规定，刚果政府不能在塞姆利基河和阿萨朱河及其周边河流修建工程，减少流向艾伯特湖（又称蒙博托湖或阿伯特湖）的水量，苏丹政府对此没有同意。

1929 年，在当时英国殖民者的提议下，9 个尼罗河流域国家达成一项赋予埃及和苏丹对尼罗河河水拥有优先使用权的《尼罗河协议》，埃塞俄比亚没有加入这项协议。1929 年协议中最重要的规定是确定埃及每年获取的尼罗河水资源份额为 480 亿立方米，同时，协议还强调在未来新建关于尼罗河及其支流的水利项目时，埃及增加的河水资源份额。[①]

起初，除了埃塞俄比亚反对外，尼罗河流域的国家都同意这一协议。1993 年埃塞俄比亚总统梅莱斯·泽纳维与埃及总统穆巴拉克签署合作框架，规定两个国家都不会从事任何对另一方有损的有关尼罗河的活动。乌干达在 1949 年与埃及签订维多利亚大坝协议时，因维多利亚湖湖面高一米，埃及要向乌干达赔偿损失。但是，在尼罗河流域国家独立后，坦桑尼亚拒绝承认 1929 年的协议。坦桑尼亚、肯尼亚、乌干达要求埃及与它们谈判，就尼罗河

---

① 阿卜杜勒·马利克·沃德：《二十世纪埃及政治与尼罗河》，开罗政治与战略研究中心 1999 年版，第 18 页。

达成新的协议。新的协议要以世界认可的国际遗产公约为参考，埃及接受了这一要求。[1] 乌干达同时承认1929年及1991年的协议，其总统约韦里·穆塞韦尼与埃及总统胡赛尼·穆巴拉克签署协议，确定乌干达尊重当时英国代替签署的协议。

1959年11月8日，埃及与苏丹签署了充分利用尼罗河水资源的协议。协议中重点强调1929年的协议中规定的两个国家对尼罗河河水的权利，其中埃及的份额为480亿立方米，苏丹为40亿立方米。同时，1959年的协议中包括通过大坝项目以及苏丹修建的水利工程项目建立水库来蓄水。协议确定了当阿斯旺大坝因蒸发损失约100亿立方米水时，大坝需灌入约220亿立方米的水。大坝在埃及的净汇水量为75亿立方米，在苏丹为145亿立方米，因此埃及的河水份额变为555亿立方米，苏丹的份额变为185亿立方米。协议还包括埃及支付1500万埃镑作为由于大坝蓄水水位达到182米而使苏丹受灾的弥补。[2]

协议包括埃及、苏丹两国同意为了增加水的流入量而建设水利工程来减少在湿地沼泽、宰拉夫河、加扎勒河、索巴特河的大量水流失，条件是这些工程的花费由埃及和苏丹双方平摊，获得的水的流入量也将平分。在苏丹公布工程的开始之日起两年后，到那时若苏丹不再需要埃及的帮助，则埃及有权利单独开始建设刚才提及的增加尼罗河河水流量的工程，条件是埃及须承担这一时期的所有费用，而苏丹必须为其在此工程中所获水流量付费。要注意的是，苏丹在此工程中所获水流量高达此协议的一半之多。

协议也包括与尼罗河流域其他国家协调尼罗河河水资源的分配，讨论各自对尼罗河河水的需求。各国间磋商的结果必须得到

---

① 阿卜杜勒·马利克·沃德：《二十世纪埃及政治与尼罗河》，开罗政治与战略研究中心1999年版，第18页。

② 完整的内容请参考本书第三章及附录提到的协议。

所有尼罗河流域国家的接受。

在尼罗河流域国家间的关系框架下，一直到 1983 年还没有形成标准制度，1983 年 11 月完成协议的制度化后，逐步构成了欧杜珠集团。欧杜珠是非洲沿海用语，意为兄弟之情，尼罗河流域国家通过这一命名反映了相互之间合作的诚意。该集团主要致力于对尼罗河河水分配利用的协商与合作。1992 年完成了包括尼罗河流域国家及国际间关于至 2002 年尼罗河河水的协调与合作的《尼罗河流域治理方案》。

但是，合作框架并没有改变尼罗河流域部分国家（如埃塞俄比亚）不接受当前对尼罗河河水分配的事实。埃塞俄比亚拒绝当前对尼罗河河水的分配，且在此之前已经发布了拒绝 1959 年协议的声明。1997 年，关于“埃塞俄比亚要求对源于埃塞俄比亚高原的尼罗河支流上的 23 个大坝进行国际资助”的争论爆发了。很多埃及新闻报道指出，国际货币基金组织、世界银行以及一些欧美金融机构已经初步同意对埃塞俄比亚提供资金，用于帮助其建立这些大坝，这些大坝的建立耗时久，且将拦截来自埃塞俄比亚的 60 亿立方米尼罗河河水流向埃及和苏丹[①]。因此，尽管我们肯定埃塞俄比亚很乐于建设那样的工程，但是十年过去了，建设工作还没有完成。值得一提的是，这里提到的埃塞俄比亚大坝工程要追溯到 20 世纪 60 年代初，即美国方面对埃塞俄比亚的水资源进行研究并提出在青尼罗河及其支流上建设大坝和水库的建议的时候[②]。

美国在其关于埃塞俄比亚水资源状况的研究和建设那些工程的倡议中，对埃及大力施压，这是因为当时埃及在美国和国际金

---

① 《最乐观的尼罗河》，《金字塔报》1997 年 1 月 13 日。

② 阿卜杜勒·马利克·沃德：《二十世纪埃及政治与尼罗河》，开罗政治与战略研究中心 1999 年版，第 40 页。

融机构拒绝帮助建设大坝后，选择了与苏联合作。

我们应该客观地看待埃塞俄比亚想要修建的工程，因为埃塞俄比亚有权决定在尼罗河支流修建水利工程用来发电，而且埃及可以与埃塞俄比亚在这方面合作。同样，埃及可以与其合作开发尼罗河在埃塞俄比亚源头的水资源，埃塞俄比亚会得到一定份额的河水。埃及与埃塞俄比亚合作的基本条件是：两个国家在停止争夺的前提下开展关于尼罗河河水的合作；埃塞俄比亚同意1959年协议中规定的埃及占有的水资源份额。

1995年，苏丹的领导人哈桑·图拉比威胁道，除非苏丹覆灭，否则不会遵循1959年埃及与苏丹签署的关于尼罗河河水的协议，但是埃及的立场非常坚决。之后，当时的苏丹水利部部长雅谷布·阿布·舒拉强调，作为调节两国间关系的协议，双方要遵守尼罗河协议。苏丹外长、世界人民友好理事会秘书长穆斯塔法·奥斯曼·伊斯梅尔强调道，无论两国关系如何，都不能影响埃及的尼罗河河水份额。[①]

总体上来说，埃及和苏丹之间的关系是稳定的，关于尼罗河河水的问题双方按达成的协议解决。至于埃及与尼罗河流域其他国家的关系，虽然上游国家1902年已签署了框架协议，如今却不像埃及与苏丹这般稳定，他们尝试着废除1902年埃塞俄比亚国王孟尼利克二世和当时占领埃及、苏丹的英国签署的协议。在任何情况下，埃及与其他尼罗河流域国家之间的水资源关系都需要双边合作，通过不懈努力，使得尼罗河流域所有国家同意之前的协议，其中包括埃及的尼罗河河水份额。

2009年5月在金沙萨召开的尼罗河流域国家水利部部长会议，已经成为尼罗河流域国家间的水资源关系的关键转折点。之后，即使忽略埃及与苏丹的地位，各流域国家水利部也坚持签署

---

① 《金字塔报》1995年7月8日。

框架协议。因为在当前尼罗河河水份额中，无法直接决定两个国家的权利，关于水资源份额和增加流量的水利项目，在投票的基础上，采取“多数国家同意”的决策机制。显而易见，在少数服从多数的情况下，埃及和苏丹的票对它们不会有任何价值，因为在提出任何会触及中游国家（苏丹）、下游及入海口国家（埃及）的权利和利益的协议的时候，面对其他 8 个国家，埃及和苏丹只是少数。这种情况是由金沙萨会议的紧张感所造成的，而尼罗河流域国家在两个月后再度聚集到亚历山大，谈判具有了更大的灵活性，对原定于 2010 年 1 月末签署的框架协议给予了六个月的宽限期，这是乌干达和埃塞俄比亚的建议。在没有得到埃及和苏丹同意的情况下，上游国家举行了签署框架协议会议，用以协调尼罗河流域国家间的关系。因此，为了与流域国家建立友好沟通的桥梁，埃及和苏丹一起参与制定新的框架协议，提出了加快在农业、水资源、工业、服务业、安全及军事等领域进行双边和多边合作的倡议，增加尼罗河流域国家当前水资源份额，使流域国家间的关系和合作主要集中在对河水流量的开发和公平分配，一方面与各国的需求相适应；另一方面投资并且实施这些项目。

无论如何，如果像埃及水资源和公共事务部前部长马哈茂德·阿布·扎依德先生预测的，尼罗河流域降雨量达到了水流量的数倍，约 16000 亿立方米[①]，就构成了许多通过增加尼罗河流域的降雨量来开发尼罗河河水流量的工程的基础，特别是卡基拉河、热带高原湖区一带，也通过分散在湿地沼泽、宰拉夫河、加扎勒河、索巴特河和基奥加湖的尼罗河河道来保护水资源。同时，如果埃及作为尼罗河流域国家中最先进最富裕的国家，能够带领尼罗河流域国家建立这样的工程，能保障水资源公平分配，便可以从水资源开发项目中增加尼罗河水量。因此，埃及可以增

① 艾哈迈德·纳贾尔：《从高坝到托斯卡》，第 34 页。

加水量，实现与尼罗河流域国家间水资源关系的稳定，通过有效的、有创造性的提议来发展与其他国家全方位的合作。因此，埃及与尼罗河流域国家间的合作应该包括保护尼罗河免受污染，保证所有尼罗河流域国家的共同利益。

应该秉持与尼罗河流域国家协同合作的理念，开发尼罗河水资源，公平分配，遵从以往的水资源份额分配方法和协议，并从人类生活、农业、家畜、工业等方面对水资源利用进行合理安排……这些理念必须成为埃及制订尼罗河及其流域国家相关战略的参考框架。如果这些国家比埃及落后，需要一些农业、工业甚至是国防和安全领域的技术援助，埃及将提供这些领域的援助，从而在与这些国家构建全面战略关系的框架下，加强与尼罗河流域国家的多领域合作。这种关系的唯一阻力是来自外界的阻挠，无论是以色列、美国还是其他想要引起埃及水资源问题的国家。

埃及应致力于发展新的灌溉方法，研究新型污水处理技术，面对未来日益增加的水需求，通过开发尼罗河河水，增加汇水量。而开发尼罗河河水的水利项目需在尼罗河流域其他国家同意的前提下开展建设。

二　尼罗河流域国家水资源状况

尼罗河流域国家都是依赖于雨水的农业国家，种植方式有雨水种植和旱地种植。然而，埃及是个例外，它的农业基本上完全依靠灌溉。此外，苏丹有大型的农业灌溉工程。但是随着这些国家人口的快速增长，情况发生了变化。一些国家，如埃塞俄比亚增加了大量的高产量农作物，增大了灌溉面积，因此大大增加了用水量，尤其是埃塞俄比亚每年有长达七个月的旱季，使得它每年必须依靠灌溉。至于热带高原湖区的国家，则一年中有三分之二的时间在降雨，只有四个月短暂的旱季需要灌溉。

1998年，联合国在《人类发展报告》中指出，除去埃及，尼罗河流域国家的人口从1970年的1.05亿人口增加到了1995年的2.2亿人口，预测2015年将达到3.8亿人口[①]。根据世界银行数据，至2008年，这些国家的实际居民人口已经达到3.22亿人[②]。人口的大幅度增长意味着水需求的增加。

值得一提的是，尼罗河流域国家中有3个国家在二十多年前就进入了水资源短缺时期，即这些国家一年的人均水资源份额少于1000立方米，这3个国家是肯尼亚、布隆迪和卢旺达，1990年人均水资源份额按由少至多的顺序依次是635立方米、654立方米和902立方米。埃及和厄立特里亚在近十年内进入了此阶段，埃塞俄比亚也处在该阶段的边缘。到2050年情况将更加严重，肯尼亚、布隆迪、卢旺达、埃及、埃塞俄比亚、坦桑尼亚、乌干达等国家人均水资源量将分别变为163立方米、189立方米、290立方米、502立方米、566立方米、834立方米、915立方米，尼罗河流域国家中的3个国家遭受着水资源的极度短缺，一年的人均水资源份额不足500立方米。同时，包括厄立特里亚在内的4个国家处于相对缺水状态。到那时，除了苏丹和刚果民主共和国（以前的扎伊尔）以外，尼罗河流域其他国家都将处于水资源缺乏状态[③]。

综上所述，未来尼罗河流域国家的水资源状况可能会使这些国家要求增加河水份额，促使各国通过合作而不是冲突的方式开发水资源。这要求我们必须了解关于国际河流的国际法的发展，才能找到埃及与流域国家的水资源合作的最优方案。

---

① 联合国：《人类发展报告》，1998年。

② World Bank , World Development Report 2010 , pp. 378, 388.

③ 安妮贝尔：《社会没有足够的水吗?》，《国际社会科学杂志》1995年第148期，第170、171页。

三 划分共有水资源，国际观点与埃及的方案

关于多个国家间的国际河流的国际法，在其长时间的形成过程中历经了多次改变，主要与国际河流的实际问题和纠纷有关，要注意的是，只有依据科学发展，才能从根本上解决这些矛盾。矛盾起因是修建了很多大型水库、大坝，将河流自然流域的水转移到其他缺水地区以及用于灌溉农田。

可以说，19 世纪，特别是下半叶，是争夺水资源引起的各种纷争的开端。在此之前，控制大的常流河几乎是不可能的，只能控制小的季节性河流或者一些大河的支流。

通过现代技术，人类可以控制大的常流河，流经多个国家的大型河流从源头到入海口之间的自然河道的水资源会更丰富，所以很多历史时期允许进行缓慢的农业扩张，这样便不会因分配共同河流的水资源而在国家间引起问题。但是，随着工业革命的到来，医疗卫生水平提高，使得人口数量猛增，在出生率并未降低的情况下，死亡率急剧降低。为满足居民的粮食需求和工业上对于农业原材料的需求，人口快速增长导致快速进行农业扩张的需求增加，这就促使人们在大范围进行横向农业扩张的同时开始重视节约用水。此外，通过改善种子质量、发展农业推广、使用工业化肥、防治病虫害提高生产效率，一方面重视协调土壤与气候之间的关系；另一方面，在每个地方协调种植适当作物实现垂直农业密集化。另外，由于灌溉农业产量高于旱作农业即雨养农业产量，而将雨养农田转换成灌溉农田。我们要注意的是，横向农业扩张和将旱作农业转换成灌溉农业这两者都与水需求量的增加有关，而水需求量的增加推动了大型灌溉工程建设来储存水并将河流自然流域的水运输到另一地区。引起多个国家间分配共同河流水资源纠纷的原因正是这些大型水利工程，而不是因人口增长

与技术的发展而消失的自然河流。

1. 绝对主权理论及在现实中的应用

这一理论可以归纳为，每个国家都有权对与其他国家共有的国际河流在其领土内的部分行使绝对主权。显而易见的是，如果一个国家是源头国家，那么便使其拥有了完全控制其领土内河段的绝对权利，并且无须考虑对下游国家水资源的影响。

这一理论被称为“哈蒙主义”，源于美国前总检察长贾德森·哈蒙（Judson Harmon），1895 年 12 月，时任总检察长的他发明了这一理论，将它作为解决美国与墨西哥关于流经两国的格兰德河河水争端的根据。格兰德河发源于美国科罗拉多州西南部的圣约翰高地，其所有的支流都发源于美国，经墨西哥湾注入海洋，全长 3040 千米，由于河流流经地区的美国农民水需求的增加，在 19 世纪的最后十年，美国科罗拉多州和新墨西哥州将更多的河水用来灌溉农田。

因此，墨西哥农民遭受着农田缺水，之后美国在新墨西哥州修建了博尔德水坝，从而进一步减少了向墨西哥农村地区输送的水，当地农民完全依靠河水。这迫使墨西哥向美国发出抗议照会，美国过度使用河水，严重损害了墨西哥的权益。美国外交部要求总检察长回应墨西哥的抗议照会，他是这么回复的：“国际法的基本原则是国家在其领土内拥有其他国家无法干扰的绝对主权”①，“哈蒙主义”对待发源于任何国家领土内的水源，都可以保障在其领土内对水源的绝对主权，哪怕控制的这些水资源会导致正常流入其他国家境内的水量减少或完全消失。

19 世纪末 20 世纪初，美国在解决与墨西哥关于格兰德河的水资源危机时，部分依据了由美国总检察长提出的绝对主权理

① 阿里·易卜拉欣：《根据国际法委员会最终议案的最新发展而制定的国际河流与水道法》，阿拉伯复兴出版社 1997 年版，第 70 页。

论。1906年5月通过签署条约解决了纠纷，它是在绝对主权理论的基础上解决的问题。尽管条约的前言包括美国和墨西哥愿意公平分配格兰德河河水，但是条约规定墨西哥要对之前或者是将来关于格兰德河河水的要求作出退让，美国强调绝对主权原则意味着自身对入海口国家即墨西哥没有任何义务。上游国家的绝对主权理论是基于权利以及保护河水不被独占的逻辑，它是反映法律缺失的证据，反映了在国际关系当中，以及在国际河流流经的国家间分配公共自然资源（比如水）时，权利和公正的需求并没有得到满足。

由于1906年美国与墨西哥关于格兰德河河水的条约建立在不公平的基础上，墨西哥再次要求调整条约，直到1933年达成新的条约，两国公平分配水资源，之后两国基本实现了水资源上的真正公平分配[①]。尽管美国在条约中承诺每年给墨西哥无偿供水，但实际上更接近于馈赠而不是承认墨西哥对于河水的权利。

奇怪的是，在1894年美国与墨西哥关于格兰德河的危机过去了将近90年后，土耳其与叙利亚、伊拉克关于幼发拉底河爆发了相似的危机，即使没有正式公布，事实上却以“哈蒙主义”为依据，土耳其单方面采取行动从上游切断水源，忽略了伊拉克和叙利亚自古以来获取河水的权利，以及伊拉克和叙利亚尤其是伊拉克对水的需求。

值得一提的是，阿塔图尔克水坝和在幼发拉底河的源头及支流建立的安纳托利亚水坝，已经用于存储水，并且为了灌溉而将水运输到流域之外的平原地区，这些大坝还用来发电。

一些国家试图根据绝对主权理论来解决与邻国之间关于国际河流的水纠纷，例如印度与孟加拉国关于恒河的纠纷，是在共同

---

① 阿里·易卜拉欣：《根据国际法委员会最终议案的最新发展而制定的国际河流与水道法》，阿拉伯复兴出版社1997年版，第79、80、83页。

使用水的基础上解决的。绝对主权理论或者“哈蒙主义”在理论层面上虽然没有被国际社会普遍接受，并且它不基于任何公平正义的精神，但是这并不妨碍一些国家在现实问题中采用，比如土耳其关于古韦格河和幼发拉底河的例子，尽管通过洽谈，土耳其获取了公平的水份额，事实上土耳其也应该获得这些份额，并且具备重新分配的实际可能，但是土耳其仍主张强行截断上游。

2. 河权和绝对区域一体化理论

这一理论与绝对主权理论或“哈蒙主义”完全相反，该理论认为河流流经的每个国家都有权在不损害或者不污染河水的情况下从源头获取相同量的水。[①] 或者换句话说，根据其历史上的获取方式来获取水流量。这一理论代表的是河口国家的利益。因此，很自然地，这些国家在与国际共同河流的上游国家划分此河流水资源的谈判中举起了这一理论的旗帜。事实上，这一理论对于那些位于河流上游的国家来说是专横、不公平的，而对那些位于河流入海口的国家是有利的。综上所述，禁止上游国家将河水用于农业或工业用途，这到底公平不公平？所有可以接受这一理论的上游国家就必须在不污染河水的情况下遵守它，至于水资源的分配，则应该客观地参考自古以来的实际用水量份额，同样需要考虑到流域所有国家的各种需求，但无论从哪个角度考量，这一理论也是不公平的。有必要特别指出的是入海口国家人民的生活基本上都依赖于沿岸渔业和农业，因此，在这种情况下，这个国家的人民生活以及农业、畜牧业在河流源头水资源减少之后都会面临威胁，这就需要重新看待入海口国家的水资源份额，但并不意味着要实施绝对河权，或者绝对区域一体化理论，因为它实际上是与绝对主权理论或“哈蒙主义”所代表的极端主义相

---

① 阿里·易卜拉欣：《根据国际法委员会最终议案的最新发展而制定的国际河流与水道法》，阿拉伯复兴出版社 1997 年版，第 93 页。

反的。

3. 河水公平分配理论

河水公平分配理论也被称为区域主权理论，在对尼罗河流域国家公平分配水资源的基础上，将各个国家的需求以及历史水份额，作为对流域国家公平分配水资源的决定因素。首先，这一理论指出，不能改变河道，如果改变，会对河水流经的国家造成巨大损失。也就是说，源头及上游国家在改变河道的问题上会完全受到制约，没有权利改变，因为那样会伤害到中下游国家，而后者的任何行为都不会伤害到上游国家。其次，瑞士法学家苏塞尔哈伦所表达的这一理论在国际法中是最重要的论据之一[①]，既然同意公平分配水资源，就应给入海口国家在对待河流及其河道上更大的自由。

这个理论被认为是最具现实主义、人道主义及道德精神的理论，是当前处理国际共同河流及水道的基本方法。

4. 埃及河水分配方案

尽管河权或绝对区域一体化理论符合埃及作为尼罗河入海口国家的利益，但是自从考虑建设灌溉工程开始，埃及就一直非常重视公平分配尼罗河河水，并且将分配与过去的使用量相关联而不是与流入量相关联，同时也与人类、动物、植物用水量相关联，还修建了农业、工业和服务业的相关水利工程。因此，当埃及与尼罗河流域的其他国家合作建设水利项目时，注重用公平原则来分配项目带来的利益，尽管通常那些项目的费用大部分都由埃及承担。例如，即使大坝建成后66%的水流向了苏丹，埃及还是承担了建设大坝的所有费用。同样，埃及也承担了为乌干达发电的欧文大坝的所有费用，且在建成之后不获取任何利益，但维多利亚湖沿岸国家拒绝为埃及存储水，因为如果它们存储水就会导致湖面水位上升，从而对

① 阿里·易卜拉欣：《根据国际法委员会最终议案的最新发展而制定的国际河流与水道法》，阿拉伯复兴出版社1997年版，第134页。

本国造成威胁。

尽管埃及对1997年在联合国通过的《国际水道非航行使用法公约》持保留态度，因为这一公约有可能会打破划分国际河流的现有协议以及影响未来的新条约。埃及完全愿意遵循与尼罗河流域国家的有效合作原则来开发河水，与流域国家公正地分配水资源，至于分配额与实际使用量，埃及会考虑到生活、动植物的用水，从而使埃及的尼罗河水份额得到充分的利用。客观来讲，埃及在尼罗河河水的相关问题上的立场是客观公正的，自萨达特总统时期到现在，埃及一直在寻找机会提出新倡议，与尼罗河流域其他国家建立真正相互信任和公平有效的水资源合作及经济合作机制。

四　鉴于苏丹的政治形势，埃及的水资源选择

苏丹局势不断恶化，呈现出纷争增多的现象，且有可能分裂成两个或者更多的国家，如果真的分裂的话，将对埃及的水源产生影响。根据实际情况，埃及的命脉，即发源于埃塞俄比亚高原和热带高原湖区的尼罗河，从南至北流经苏丹。增加尼罗河汇水量的水利项目主要在苏丹南部，因此苏丹南部对于埃及水资源战略来说非常重要。埃及在苏丹交战各方中发挥着直接作用，其在苏丹事务中的影响是全面的，且埃及将继续关注苏丹事务，这是两国利益的需要。多方势力斗争了多年，已经在一些方面达成和平协议，促使苏丹统一振兴，国家专注于经济发展，并公平地分配经济发展成果，以支持祖国统一。苏丹分裂或者统一关系着埃及的利益，因为埃及的尼罗河上游国家就是苏丹，必须制定灵活的政策，应对苏丹局势，苏丹人民无论选择统一还是分裂，埃及都要与两方保持友好关系。

我们将在这里讨论埃及、南苏丹、北苏丹之间的水资源关系，如果苏丹南部与北部分裂成两个独立的国家，那么对埃及与南北苏

丹之间的水资源关系将有何影响？埃及的选择又会是什么呢？这里需要指出的是，埃及与南北苏丹之间是通过生命的纽带——尼罗河联系在一起的，苏丹是尼罗河中游国家，无论是源自热带高原湖区还是源自埃塞俄比亚高原的尼罗河，苏丹都是埃及的上游国家。将从埃塞俄比亚和热带高原湖区国家流向苏丹的水量，与经过苏丹流向埃及的水量进行对比，很容易发现，经过苏丹流向埃及的水不完全是源头水，而且损耗了一部分。埃及在苏丹做出继续统一还是分裂的抉择之前，一定要明确苏丹在增加尼罗河汇水量的水利工程中所处的位置。

1. 开发尼罗河水资源的水利工程

增加尼罗河汇水量的水利工程，对于尼罗河下游的埃及非常重要，同时对于中游的苏丹也非常重要，在苏丹东部和北部修建了许多水利工程，这些项目能够增加尼罗河汇水量，之前我们提到过。

这里我们将介绍其中的几个水利工程项目，这些工程在修建前就进行了大量而全面的分析研究。

其一，为了增加卡基拉河流量而在该河流域修建的水利工程。卡基拉河上有大量降雨，只有 8% 的雨水穿过卡基拉河到达维多利亚湖，这就需要通过各种各样的小型水库来收集存储雨季时进入小水渠中的水，之后在长达四个月的旱季时把水运输到运河，这样可以收集河道中的大量额外的水。

其二，减少维多利亚湖湖水蒸发量的工程。维多利亚湖因蒸发而耗费的水达 945 亿立方米，可以想到，用防蒸发的塑料大面积地覆盖在湖面上，或者填平外侧部分湖面来使之成为肯尼亚、坦桑尼亚、乌干达的肥沃农田。在湖加深的同时，安全地缩小了湖面面积，也减少了蒸发量，从而增加了从维多利亚湖流向尼罗河的水量。为了跟进工程，可能需要在维多利亚尼罗河采取措施以增加经过的水流量。同时，肯尼亚、坦桑尼亚可以从像这样增加水流量的工程中获取一大部分水，而两个国家将共同承担工程的建设费用。

此项目可提供肥沃的农田（即被填平的地区，通过挖掘湖底的淤泥来覆盖这些地区并加深湖泊），同时，也给予灌溉这些土地的可能性，如果有必要，建立灌溉农业而非雨养农业。此举同时也增加了尼罗河中下游国家的水流量。

其三，填平基奥加湖，使其成为乌干达的肥沃农田。在水流入基奥加湖西南部之前，修建一条运河，将维多利亚尼罗河河水运至出发点；修建一些分支运河，将沼泽及湖泊等地由于降雨而汇聚的溪流聚集起来，使其注入用来运输维多利亚尼罗河河水和基奥加湖及沼泽中多余的水的主运河。沼泽每年的蒸发流失量约为200亿立方米，加深湖本身将减少蒸发流失量。可以根据乌干达的需求量和埃及、苏丹的需求量来分配这一项目中额外得到的水，依据三个国家的收益来分摊工程的费用。

其四，在卡津加运河与爱德华湖相汇的地方修建大坝，使乔治湖湖水流到爱德华湖，再从爱德华湖流到塞姆利基河，防止水倒流。

其五，除了上述所提到的，还有一些项目刚施工了一部分就停止了。例如，保护山区水域免受苏丹南部沼泽地浪费的詹加利运河项目；保护索巴特河免受前面所提到的沼泽损耗的项目；在蒙博托湖（艾伯特湖）修建大坝的项目；开发加扎勒河流域水资源，尤其是其分支朱尔河、洛尔河、阿拉伯海的项目，等等。

显然，在尼罗河上游实施的这些项目中得到的额外的水将增加尼罗河汇水量。

值得一提的是，实施这些项目中的任何一项，应该尽可能地实现项目涉及地区的共同利益，最大限度地关注环境问题，承担项目风险，负担包括项目建设费用以及相关补偿费用在内的各项费用，项目实施应符合每个缔约方的利益。同时，也应该在公平、人道的基础上分配利益，这将有助于安抚流域内各国的情绪。

2. 埃及与苏丹水资源关系的主要特点

根据上述情况，埃及与苏丹水资源关系是稳定的。这种关系可以归纳为以下几点。

第一，苏丹是尼罗河河水流入埃及的必经之地，首先，尼罗河的源头是热带高原湖区和埃塞俄比亚高原，即埃及没有获取属于苏丹的水，而苏丹的水是来自两大高原的水。其次，埃及和苏丹在面对尼罗河流域其他国家时处于同一战线。

第二，埃及与苏丹的水资源关系一直是友好合作的关系，无论是独立前、后对项目的实施，还是以两国共享源自埃塞俄比亚高原和热带高原湖区的尼罗河河水为基础、在 1959 年经过完善的《1929 年协议》，都是这一友好合作关系的表现。由于尼罗河流域其他国家对于这一问题的立场不同，所以埃及和苏丹在与流域其他国家关于水资源问题的谈判中应该继续进行协调。

第三，埃及和苏丹的用水都是源自埃塞俄比亚高原和热带高原湖区的尼罗河河水。另外，尼罗河流域其他国家都想要重新划分水资源，应该着眼于开发分散的水资源并且促进公平分配。至于试图要减少埃及和苏丹的实际尼罗河河水份额的企图是不可能实现的，因为它涉及生命必需的水。

第四，如上所述，尼罗河源头尤其是在埃塞俄比亚的源头有时候会遭遇干涸，有时候由于大量降水而流量增多。总之，水流量极不稳定，埃及和苏丹早已体会过由于这种不稳定性所引发的恶劣影响，两国在洪水或干旱发生时，通过建立大坝以及季节性合作来抵抗灾害。尽管大坝的建立减少了埃及和苏丹北部的干旱危害，但是接连几年尼罗河水流量的减少被认为是连续七年干旱的原因，且危害仍在继续。埃及与苏丹在开发尼罗河水量、面对旱灾，以及开发两国所拥有的水资源等方面进行合作，来应对由于人口增长而引起的水需求的快速上升。尼罗河有记录的最大水流量是 1878—1879 年在阿斯旺，达 1510 亿立方米，要注意的是，尼罗河河水在阿斯旺每年的平均流量为840亿立方米。[①] 尼罗河在1894年、1895年、1896年、1916年、1917年、1964年、1988年在阿斯旺的年流量依次分别是1190亿立方米、1190亿立方米、1140亿立方米、1120亿立方米、1110亿立方米、1090亿立方米、1070亿立方米。相应地，在1913年、1940年、1983年、1984年、1986年、1987年的流量依次是460亿立方米、660亿立方米、690亿立方米、570亿立方米、700亿立方米、600亿立方米。[②] 还有另一份关于尼罗河水流量的报告，比官方所提供的那几年的流量数据要少很多，但是我们采用的是官方提供的数据，足以表明有必要开发水流量，以及为实现水资源安全，寻找对当前水资源的适当使用方法，特别是在尼罗河水流量减少的几年。

五 在苏丹分裂的情况下，埃及的水资源选择

自从苏丹独立至今，埃及一直支持其统一，这是在纳赛尔时期受国家民族意识形态的影响而制定的战略。埃及在这方面的作用是：不与南北苏丹建立广泛的民间联系的情况下，与苏丹政府协调，因此埃及真正的作用是推动双边官方互动而非民间的互动，两国政府往往会以怀疑的心态来看待远离其监视的民众的联系。无论苏丹最终选择统一还是分裂，这都是苏丹内政。无论是支持统一的埃及，还是支持分裂的其他国家，都对局势发展起到了一定作用，反映出相互间的立场和利益关系。

在多年内战之后，近期双方经谈判协商，决定将苏丹分裂成南北两部分，埃及必须要面对这个现状，制定新的、全面的、灵活的战略，面对苏丹分裂的现状。

---

① 艾哈迈德·赛伊德·纳贾尔：《从大坝到托斯卡》，第34页。

② 《1999年公共事务与水资源部公报》。

1. 关于埃及与苏丹水资源关系的基本设想

苏丹分裂的情况下埃及的水资源选择是基于以下几种假设，可以概括为：

第一，苏丹北部是尼罗河流向埃及的流经地，在地理上与埃及相邻且有共同的利益，因此要共同保护尼罗河河水。

第二，南苏丹另一条河水流向北苏丹和埃及，南苏丹虽然不是源头，但无论是从乌干达或埃塞俄比亚流向它的水，还是一年最多达八个月的直接降雨，都会使南苏丹有很多盈余的水。这一地区除了和埃及、北苏丹商议修建的共同的水利、工农业项目，还可以利用水资源实现收益，这需要三方有足够的诚意与意愿，用共同的利益代替冲突。

第三，通过处理分散在沼泽地的水增加尼罗河汇水量，这些工程位于南苏丹的湿地沼泽、加扎勒河、巴鲁河沼泽。任何开发尼罗河水资源的项目，都是埃及面对未来水资源短缺加剧的情况亟须要做的，因为埃及现在已经被迫使用低质量、处理过的废水和地下水。这迫切需要埃及与苏丹南部建立友好关系，并在经济、社会、政治等方面进行合作。

第四，即使埃及已经与乌干达等其他尼罗河上游国家签署了协议，修建水利工程增加尼罗河流量，以便埃及获取更多的水资源，但有些项目埃及仍然必须与尼罗河中游的南北苏丹签署实施，因为这两个国家在尼罗河流域中部，埃及需尽最大努力使尼罗河上游多余的水流到埃及。

2. 在苏丹分裂的情况下，埃及采取的政策

根据前面提到的假设，这里有几个策略，是埃及面对苏丹分裂时必须采取的，即实现双方共同的利益，在公平公正的基础上，实现互利共赢。概括为以下几点：

第一，与南北苏丹的官方和民间机构都建立牢固的关系，埃及与南北苏丹在水资源、农业、食品、教育、医疗、工业、文化、宗

教、艺术以及军事领域建立官方与民间合作。在埃及与南北苏丹之间建立全面开放的市场。从现在开始，为了南北苏丹人民以及埃及人民的利益，为了与南北苏丹建立统一市场，三个地区要协调行动。

第二，无论南北苏丹是统一还是分裂，应该努力发展基础设施建设，通过铁路、海港、河港将埃及、南北苏丹连接起来，有效开展客运和货运。

第三，埃及为南北苏丹人民在教育、工作以及进入埃及和在埃及居住等方面都提供便利，如果苏丹分裂，这些将会成为它们彼此之间或与埃及之间提供的便利。

第四，如果苏丹真的分裂的话，埃及要尽快重新规划位于苏丹南部湿地沼泽、加扎勒河及马查尔运河之间的节水工程，该工程是开发尼罗河河水的主要工程。无论如何，那些项目以及最主要的詹加利运河项目计划都需要重新制定，因为它们的一个主要的目标就是在苏丹南部为其国内社会实现很多利益。要保证南方的社会和政治力量都参与其中，推动这些项目的成功实施。

第五，埃及在农业领域要严格合理地使用水，通过尽可能地使用更先进的灌溉方法来节约水，在这方面，所有在旧土地上种植果树的农民一定要使用滴灌技术；新土地上的农民，特别是拥有 20 费丹土地或者更多土地的农户，要使用滴灌技术来种植水果和蔬菜。对传统农作物使用喷灌技术。因为在埃及滴灌会提高水的利用率，使其更具弹性，更少受到尼罗河中上游各国动乱的影响，特别是在这些国家出现意外状况或者是不确定未来是维持统一还是分裂的情况下。

附　　录

阿拉伯联合共和国[①]与苏丹共和国关于充分利用尼罗河河水协议

签署纪要

1959 年 11 月 8 日，在阿拉伯联合共和国外交部驻地，参加签订协议的人有：

扎卡里亚·毛希丁	阿拉伯联合共和国代表团团长、内政部部长
穆罕默德·塔拉特·法里德少将	苏丹共和国代表团团长、苏丹共和国武装部队最高委员会成员、劳工部部长

阿拉伯联合共和国与苏丹共和国正式签署充分利用尼罗河河水的专项协议，双方就协议内容进行了协商，两国政府授权代表签署协议。

各方全权代表签署协议备忘录。

阿拉伯语原始记录概要如下。

---

① 阿拉伯联合共和国（简称“阿联”）是 1958 年 2 月 1 日由埃及与叙利亚合组的泛阿拉伯国家。

阿拉伯联合共和国政府　　　　　　　　苏丹共和国政府

托卡里亚・毛希丁　　　　　　　　　塔拉特・法里德 少将

尼罗河项目需要全面调整，增加汇水量，适应当前阿拉伯联合共和国和苏丹共和国的技术制度。

对于施工管理工作，需要两国全面合作，有效组织利用尼罗河河水，来保证双方当前和未来的需求。

根据1929年签署的尼罗河协议，规定收益分配，其范围不包含河水治理，两国已就以下内容达成共识。

一　现有的权利

阿拉伯联合共和国使用尼罗河河水，直到签署此项协议，在此协议中获得尼罗河河道治理工程及增加其注入量的项目，根据协议每年向阿斯旺大坝注入480亿立方米水。

二　河道治理工程与两共和国间利益的分配

1. 为治理尼罗河河水，控制河水流入海洋，两国一致同意阿拉伯联合政府在阿斯旺建立大坝水库，作为尼罗河蓄水系列工程的第一步。

2. 为使苏丹利用河水份额，两国一致同意苏丹共和国在青尼罗河上修建罗赛雷斯大坝，和苏丹认为有必要的相关水利工程。

3. 在本世纪最近几年，阿斯旺大坝平均年自然注水量约840亿立方米，以此来计算净利润。

4. 苏丹与阿拉伯联合共和国两国过去的条款中提到按平均收入分配水资源，这意味平均汇水量一直是840亿立方米，苏丹分配185亿立方米，阿拉伯联合共和国分配655亿立方米。

5. 阿拉伯联合共和国政府同意给苏丹共和国政府拨款1500万埃镑全面补偿大坝蓄水至182米（空间）给苏丹造成的一系列危害，并通过双方协议及后续补充协议的方式支付索赔。

6. 苏丹共和国政府承诺搬迁哈勒法居民和因蓄导致水土地被淹的居民，在1963年7月前完成最终迁移。

三 利用尼罗河流域流失水资源的项目

鉴于尼罗河流域大量水资源流失到杰贝尔河、宰拉夫河、加扎勒河和索巴特河，当务之急是增加尼罗河注入量，用于两国农业扩张，为此两国达成以下共识。

1. 苏丹共和国因与阿拉伯联合共和国的协议被委任建设确保尼罗河水流量的项目，以防尼罗河流域的水流失到杰贝尔河、宰拉夫河、加扎勒河和索巴特河，以及索巴特河及其支流和白尼罗河流域，这些工程的净收益也将平均分配。

2. 如果阿拉伯联合共和国根据农业扩张计划，需开启在前面提到的任何一项增加尼罗河水流量的项目，苏丹不需要再次提出，阿拉伯联合共和国应告知苏丹共和国项目启动时间。

四 两国间技术合作

1. 为实现两国政府技术合作以及开展有关河道治理和增加水流量项目的调查与研究，两国一致同意双方签署此项协议后建立长期合作，合作内容如下：

（1）针对增加尼罗河水流量的项目，两国需协商决定。

（2）双方监督批准项目的实施过程。

（3）制定苏丹境内尼罗河水利项目建设启动机制，同时在苏丹境外也制定相关机制。

①当遇到干旱的年份，水流量稀少，水库储水会减少，这项机制将减少由于干旱造成的损失。

②为使委员会能够行使前面条款中提到的管辖权及持续观察整个高水闸上的尼罗河水位及其活动，在苏丹共和国和阿拉伯联合共和国的工程机构技术监管下，在苏丹、阿拉伯联合共和国、乌干达实施这一工作。

③两国政府决定组成共同技术机构，调整两国预算。该机构根

据工作需要设在开罗或者喀土穆。应制定两国承认的内部条例来组织会议，安排技术开发、资金管理等工作。

五　总体规定

1. 当需要与两国以外的流域国家进行关于尼罗河事务的任何考察、研究时，要征得苏丹政府与阿拉伯联合共和国政府的一致同意，并与该国取得联系。

2. 由专门的政府部门制订标准。

六　大坝全面使用前的过渡期

双方一致同意从现在起到大坝充分使用的这段时间拓展农业体系。

七　在双方签字后执行此协议，并通过外交途径通知对方合同签署日期。

八　补充1和补充2中的（1）（2）是本协议中不可缺少的一部分。

原件一式两份是阿拉伯语，于开罗签署，签署时间是伊历1379年5月7日，公历1959年11月8日。

苏丹共和国　　　　阿拉伯联合共和国

塔拉特·法里德　少将　　　　托卡里亚·毛希丁

阿拉伯联合共和国申请水贷专文

苏丹共和国同意阿拉伯联合共和国申请水贷，将自己的水资源份额贷给阿拉伯联合共和国，用于农业扩张计划。

阿拉伯联合共和国申请水贷，在签署协议后五年内归还，如果阿拉伯联合共和国继续需要水，那么苏丹共和国将提供15亿立方米水，1977年11月前使用完。

苏丹共和国代表团团长阁下

今天很荣幸收到贵方书信，内容如下：

今天签署的关于充分利用尼罗河河水的协议中，在条款的第二条第 6 段提到将索赔 1500 万埃镑，可以用英镑或者第三方货币支付，按固定汇率计算每埃镑 2. 87156 美元，根据双方谅解，阿拉伯联合共和国将分期付款如下：

1960 年 1 月 1 日 300 万埃镑

1961 年 1 月 1 日 400 万埃镑

1962 年 1 月 1 日 400 万埃镑

1963 年 1 月 1 日 400 万埃镑

如果你们支持并同意条款内容，我们将万分感谢。

请接受我们的致敬。

阿拉伯联合共和国代表团团长

托卡里亚 · 毛希丁

阿拉伯联合共和国代表团团长阁下

今天很荣幸收到贵方书信，内容如下：

今天签署的关于充分利用尼罗河河水的协议中，在条款的第二条第 6 段提到将索赔 1500 万埃镑，可以用英镑或者第三方货币支付，按固定汇率计算每埃镑 2. 87156 美元，根据双方谅解，阿拉伯联合共和国将分期付款如下：

1960 年 1 月 1 日 300 万埃镑

1961 年 1 月 1 日 400 万埃镑

1962 年 1 月 1 日 400 万埃镑

1963 年 1 月 1 日 400 万埃镑

如果你们支持并同意条款内容，我们将万分感谢。

对此苏丹共和国政府表示很荣幸地支持贵方并同意合同条款。

苏丹共和国政府代表团团长

塔拉特 · 法里德 少将

苏联前领导人尼基塔·赫鲁晓夫表示同意投资大坝第二阶段工程建设的信件

杰麦尔·阿卜杜勒·纳赛尔阁下

阿拉伯联合共和国总统

总统阁下：

我很高兴从我们的部长 A.T. 诺维科夫那里获得您赠予我的阿斯旺大坝的金质纪念奖章，纪念你们国家的这一重要事件：开始建设世界上最大的水利工程——阿斯旺大坝工程。

对于你们赠予的奖章，我表示深厚的谢意，这是阿拉伯联合共和国人民感谢苏联人民真诚帮助的象征。

我们苏联人民看到了阿拉伯联合共和国人民为实现国家的经济发展和提高人民生活水平所付出的努力，这一努力得到了我们苏联人民的热烈响应和深切的关怀。我们内心深处希望贵国能早日实现这一伟大目标。

建设大坝是埃及几代人的梦想，现在是时候实现这一梦想了。

在您与我们部长 A.T. 诺维科夫交谈期间，您表示阿拉伯联合共和国希望苏联参与阿斯旺大坝第二阶段工程建设。苏维埃社会主义共和国联盟认真研究了你们的想法。现在应该继续加强两国间的友好关系，基于我们参与大坝第一期建设的基础，我们同意参与阿斯旺大坝第二期建设。

借此机会，祝愿贵国早日建成阿斯旺大坝，在此我要表达对参与建设的阿拉伯工程师、商人、苏联工程师们的信任与感谢，这是两国交往的纽带，将有助于加强两国间的友好关系。

建设阿斯旺大坝是贵国与我们国家人民间的深厚友谊的象

征，我们共同努力，实现两国人民的共同理想——实现世界的和平。

1965 年 1 月 15 日　　莫斯科　克里姆林宫

尼·赫鲁晓夫

埃及前总统杰麦尔·阿卜杜勒·纳赛尔给苏联领导人尼基塔·赫鲁晓夫的回信

尼基塔·谢尔盖耶维奇·赫鲁晓夫阁下

苏联部长会议主席

我们非常高兴你们接受大坝金质纪念奖章。此奖章是在大坝建设的第一阶段赠予你们的礼物，它是一种象征，代表了我们对您及苏联的伟大人民帮助我们建设大坝第一阶段的诚挚谢意，正是因为你们的帮助，使我们开始启动这项伟大的工程。

就像您来信说的那样，这枚奖章是阿拉伯联合共和国人民感谢苏联人民真诚帮助的象征。

今天贵国 A. T. 诺维科夫部长将您的来信带给我，信中表达了苏联政府对大坝第二阶段建设的态度和立场，这将加强两国关系。现在我们的人民为国家的繁荣富强和人民生活水平的提高而奋斗，在此，特别感谢向我们伸出援手的朋友们。

我们特别感谢苏联人民，无论是在国家独立还是在经济建设中，苏联人民给予我们一如既往的支持。

我们非常荣幸，贵国能参与大坝第二阶段建设，这建立在贵国参与第一阶段建设的基础上，我在 1960 年 1 月 9 日大坝第一阶段建设启动仪式上说过，你们对我们援助是建立在两国人民友好的基础上的。

借此机会，我再次表达阿拉伯联合共和国人民对贵国的感谢，感谢贵国对我们的帮助和付出，两国的技术人员在一起友好合作，这有助于两国的友好，我们将致力于双方在各个领域保持这份友谊。

我坚信，阿斯旺大坝将一直是两国人民友谊的象征，同时我深信阿斯旺大坝是世界上所有热爱和平的人民的典范。

1960 年 1 月 17 日开罗
杰麦尔·阿卜杜勒·纳赛尔

苏维埃社会主义共和国联盟就阿斯旺大坝最后阶段建设给予阿拉伯联合共和国的经济与技术援助事务的协议

阿拉伯联合共和国政府与苏维埃社会主义共和国联盟，为推动两国间的友好关系进一步发展，加强两国经济、技术合作，苏联支援埃及修建水坝，双方的合作建立在平等、互不干涉内政、尊重双方主权的基础上。

1960 年 1 月 15 日和 17 日，阿拉伯联合共和国总统和苏维埃社会主义共和国联盟主席，双方通过信件，签署了关于苏联支援建设阿斯旺大坝的协议，协议内容如下。

条款（一）

苏维埃社会主义共和国联盟表示，为帮助阿拉伯联合共和国发展经济，根据阿拉伯联合共和国政府的意愿，同意与阿拉伯联合共和国政府合作，完成阿斯旺大坝最后阶段的建设。

这一阶段包括以下事项：

（1）完成大坝最后阶段的建设，建成后大坝高111米。

（2）水电站由河床迁到河东岸，装机容量为210万千瓦。

（3）修建溢洪道，一天可排水2亿立方米，即确保蓄水位不超过182米。

（4）修建两条从大坝水电站到开罗的400/500KV输电线路，每条长900千米，其中包括3个或4个变压站，另外修建长1000千米、132/220KV的输电线，其中包括10—12个变压站。

（5）大坝灌溉和土地改良项目面积达200万费丹，在第一期建设中。

通过观察这些原始数据，我们可以看出双方在施工前经过了精密细致的研究，统一了意见。

条款（二）

为实现此项协议条款（一）中规定的合作内容，苏维埃社会主义共和国联盟要完成以下工作：

（1）由苏方设计大坝，以及施工图、工程量单，这些要根据阿方提供的液压记录和一些相关数据，做必要的调查和研究，最后制订大坝最后阶段的工程实施计划。

应在尽可能短的时间内完成上述所有工作，即在1967年大坝建成155米高，1968年完工。

（2）设计、制造、供应、组装所有闸门，提供各种机械配件和启动用电，以及供应所有必需的零件。

（3）设计、制造、供应、组装、挑选、调试所有水电站设备和闸门，完成各台机组电站和闸门的组装及准备，要根据以下计划进行：

①第一台机组　　1967年

②第二台机组　　1968年

③第三台机组　　1969年

④第四台机组　　1970年

从阿斯旺大坝到开罗900千米输电线路的所有设备（除了建造和安装电线杆塔）的设计、制造、供应、安装（除了建造和安装电线杆塔），其中有3个到4个变压器，配有必需的维修设备；132/220KV的输电线路长约1000千米，其中有10—12个综合变电站，配有检修维修设备和按电力载波系统运行的负荷分配中心，所有这些都是根据双方协议进行，所以要在1967年实现400/500KV的高压电线和132/220KV输电线路投入运行，至于第三根400/500KV的输电线路则要在1968年投入运行。

同时要为上述提到的所有设备提供充足的零配件。

（4）供应、安装大坝建设最后阶段所需的施工机械设备，此外还要供应工程所需要的阿方不能提供的材料，这些都要按协议的日期进行。

（5）提供建造技术，根据双方的协定，苏联将会派遣专家协助完成。

（6）苏联将对阿方专业人员提供与工程相关的技术培训，如果阿方愿意。

（7）据双方通过信件签署的协议，苏联工程单位要具备自然地质方面的专业经验。

（8）当水库水位达到最高限度182米时对大坝和闸门及水电站的安全做必要的调试，最迟在1980年前完成。

（9）提供、组装、调试条款（一）中提到的土地改良和灌溉项目所用的机械、电力设备。

上述日期只是基于阿方提供的相关数据，根据双方的协议完成以上的内容。

条款（三）

阿拉伯联合共和国向苏维埃社会主义共和国联盟借贷9亿卢布（一卢布相当于0.222168克纯金），用于苏联相关部门研究、考察，安装阀门、建设水电站机组的设备和材料所需经费，根据协议条款

（三）规定，这些设备按照离岸价（FOB）计算，同时苏联根据协议规定，向阿拉伯联合共和国派遣专家。

条款（四）

协议条款（三）提出的阿拉伯联合共和国政府贷款应每年一期分为 12 期还款，即在大坝竣工及水电站投入运行并发电不少于 100 万千瓦小时后一年开始还款，不得推迟到 1970 年 1 月 1 日，至于 1969 年 1 月 1 日生效的用于完成其他工程项目的这部分贷款将以同样的条件在这些工作完成之后的一年还款，不得超过 1972 年 1 月 1 日。

贷款的年利率为 2.5%，贷款的利息将在下一年的前三个月产生，机械、设备和材料的贷款期限是提货期，至于设计、考察、研究、派往阿拉伯联合共和国的苏联专家费用的贷款期限则是根据发票日期。

条款（五）

除了本协议中包含的条款外还有苏联在 1958 年 12 月 27 日签署的阿斯旺大坝第一期工程建设中给阿拉伯联合共和国提供经济与技术援助的协议，规定了条款（三）（四）（七）（八）（九）（十）（十一）（十二）。

条款（六）

本协议在尽可能短的时间内生效，生效日期为在开罗交换批准文件的日期。

本协议于 1960 年在莫斯科起草阿拉伯语和俄语各一份，具有同等的法律效力。

穆萨·阿拉法	Y. F. 阿拉赫波夫
阿拉伯联合共和国政府	苏维埃社会主义共和国联盟政府

阿尔瓦利德·本·塔拉勒同埃及政府的合同文本

以下是《阿拉伯人》报披露的合同文本，《今日埃及》报在2010年2月10日又重新详细披露了合同内容。

此合同于1998年9月17日，星期三签署，签署双方为：

1. 农业发展和建设项目总局，正文中将称为甲方，总部在开罗，代表是马哈茂德·阿布·赛德尔博士，他是签订此协议的法律代表。

（甲方：卖方）

2. 埃及农业发展公司—埃及联合股份公司，正文中将称为乙方，总部在埃及吉萨，签订此合同的代表是沙特王室的阿尔瓦利德·本·阿卜杜勒·阿齐兹殿下。

（乙方：买方）

埃及内阁依照1997年5月12日农业部备忘录向沙特王室阿尔瓦利德·本·阿卜杜勒·阿齐兹殿下提交关于在托斯卡地区南谷开垦和种植10万费丹土地的事项。

代表为沙特王室阿尔瓦利德·本·阿卜杜勒·阿齐兹殿下，已经做好所有相关程序，来成立国家农业发展公司，1997年8月12日，投资总局发布通告，同意成立该公司。

因此，双方达成以下协议。

简介

1. 国家：即埃及政府（GOE）。

2. 土地：即托斯卡地区南谷的沙漠地区。根据埃及农业部、农业研究中心以及水陆环境研究所在地图上显示的坐标，位于东经31°30′到31°45′之间，北纬22°55′到23°25′之间。

3. 先进的灌溉方法：即使用的灌溉方法、设备，都是由乙方提供的当时世界上最先进的灌溉设备。

4. 项目：即由乙方在阿拉伯埃及共和国托斯卡地区的南谷实施的农业发展规划项目。

5. 一号分支：即扎耶德运河的一个分支，在地球坐标上延伸到大约东经 31°40′，北纬 23°18′。

6. 充足的水：即甲方向乙方保证的用水量的最低限度，此最低限度是由乙方来定，每年给每费丹的耕地和防风树木 7000 立方米的水，在干旱的情况下，即纳赛尔湖的水平线降低到低于海拔 150.9 米时，降低供水量的最低限度到每费丹仅 6000 立方米水。

第一条

双方已核对此合同的所有内容，了解合同中提到的全部内容。双方签订此合同即表示他们同意合同所有内容。

第二条

甲方以合同的形式售卖一块沙漠土地给乙方，这块土地位于托斯卡地区南谷，埃及内阁在 1997 年 5 月 12 日召开的会议中已同意出售给国家农业发展公司上述土地，目的是开垦和种植农作物以及开发南谷的土地。

该土地范围如下：

东经 31°30′到 31°45′之间，北纬 22°55′到 23°25′之间，此为根据埃及农业部和农业研究中心以及水陆环境研究所确定地图上显示的坐标。

乙方根据土质图选择一块土地，埃及政府对土质进行了分类。土地种类繁多，这块土地包含了大量的一类和二类土壤，通过对一类、二类土壤的测验，认为一类土壤拥有高质量，适合耕种。

第三条

已经完成出售的土地如下：

开发的土地每费丹 50 埃镑，位置在上述坐标范围内，面积为 10 万费丹。

在乙方未来发展 10 万费丹土地的情况下，甲方将给完成种植的额外的土地支付每费丹 50 埃镑。

签订此合同时，支付总价的 20%，剩余部分根据双方协议支付。

甲方通过授予乙方对合同第二条中提到的坐标之间和以乙方名义注册的全部地区的绝对土地所有权来支付全额货款。

此外，这片土地不承担政府任何税收和赋税，例如，不缴纳注册费和文件费，还有印花税、房产地税以及土地或土地所有权资本税。

这片土地无论是现在还是将来，绝不服从该地区任何规划和建设制度，同时也不服从该地区任何划分制度。

第四条

甲方负责向项目地区提供用水，修建扎耶德运河支流的一号分支，甲方承担土地费用。甲方在这块土地上将要修建的一号分支延伸至东经 31°40′，北纬 23°18′。甲方将水提供到这个位置，并根据乙方要求的最大水流速向乙方供水。

这个计划或许要调整运河长度，为了弥补图纸的错误，甲方承担因调整方案而产生的费用。

同样，在需要调水的情况下，甲方要提供必要的水泵，以及在扎耶德运河和一号分支的交叉点提供其他基础设施和装备来抽取满足子运河全程所需的水，必须根据乙方要求的水流速度和规格。

在融资和其他方面，甲方要负责运行和维护扎耶德运河以及一号分支和基础水泵，乙方要支付甲方以下费用作为运行、维护和管理运河及一号分支和水泵站的费用：

第一部分，每费丹5000立方米水：每立方米3皮埃斯特[①]。

第二部分，每费丹10000立方米水：每立方米5皮埃斯特。

第三部分，每费丹用水超过10000立方米水：每立方米6皮埃斯特。

甲方同意通过与乙方的技术合作，为运河分支设计水系统，此运河从一号分支延伸至乙方开发和建设地区。乙方要负责建设分支系统。

甲方通过与乙方专家的全面协调，其中包括设计一号分支的专家，可以任命项目负责人，以保证工程按时完成。

协调包括：一号分支的设计、规格还有建造方式、建造原料和实施时间表，以保证按时完工。

甲方同意一号分支的设计由乙方的技术代表参与完成，并同意在此过程中的所有环节。

第五条

甲方向乙方保证向这块土地提供满足农业用水需求的水，用来灌溉耕地。除此之外，甲方应向乙方提供足以满足当地生活和工业所需的水。

甲方在乙方不付费的情况下，为乙方提供上文提到的水。

甲方给乙方绝对的权利，从一号分支获得扎耶德运河全天24小时，全年365天所供给的水，不应该在任何时候以任何理由停止和中断供水，如果中断或者停止供水，要提前两个月进行书面通知。

甲方要负责管理和测量主要运河和分支的水位和蓄水量。

第六条

甲、乙双方指定一个人，负责联络以及跟进双方的合同执行进展，确保双方履行合同的规定，并且传递双方的信息，以便施工能

① 埃及辅币名称，一皮埃斯特等于百分之一埃镑。

够持续。

乙方将持有甲方计划书的副本来全面发展南谷，尤其是被售卖的土地所在的地区。

第七条

在甲方完成运河项目以及完成水、电、其他的基础设备和设施的供应之前，乙方要决定是否开发托斯卡地区南谷和相邻土地。

工程进度由乙方来决定，甲方在适当的时间发布工程进度表。

第八条

乙方要注意在甲乙双方尚未就土地使用达成一致时，不以改变其特定用途等为由使用、买卖土地。同样，根据法律法规，乙方必须要保护所有矿山、采石场、矿藏、石油资源，以及这块土地发掘的历史遗迹。乙方有获得使用地表水和地下水的权利，还有使用项目土地蕴藏的地表水和地下水的权利。

乙方有权利设计、建造、使用这块土地上的工业设施和生活设施，条件是甲方在乙方要求时，在没有延迟和限制的情况下给乙方授予所有必要的建筑许可证以及其他相关的认证。

第九条

根据现行法律规定，不允许乙方在没有得到甲方同意的情况下处置指定土地或者这块土地中的任何一部分，或者把土地转让给任何机构，无论是公司还是个人。

除了在第八条中提到的，根据现行法律规定乙方还有权利在该公司的股权方面引入其他合作伙伴，乙方在任何时候都要服从监管，或者任何形式的禁令，其中包括乙方有权在甲方同意的情况下售卖土地，并且乙方无须缴纳转售房产和其他所得的税款以及土地租赁税、土地划分税、土地买卖税。

第十条

乙方同意购买土地，无权在发现任何缺陷的情况下向甲方退还土地。

第十一条

乙方有权要求在指定划分给他的土地上使用最新灌溉方式。

第十二条

作为本合同有效性和合法性的必要条件，双方要在 1998 年 11 月 30 日前完成此协议附件中的事项。

双方要了解这些需要甲方采取必要的程序来实施的事项，是保证项目成功的重要一环。最后商定期限是 1998 年 11 月 30 日，在这一天最终商定要解决这些事情，在没有达成关于这些事项协议的情况下，双方共同认为此合同无效。

第十三条

此合同的起草和制定，符合阿拉伯埃及共和国法律。解释和应用此合同引起并且未能在一个月内以友好方式解决的任何分歧将移交给具有约束力的最终仲裁法律来解决，该法律的依据是专属于国际商会的和解和仲裁的法律，它由三个仲裁者在埃及开罗用阿拉伯文起草而成。

在本合同的任何规定终止或者遭遇任何中断的情况下，其余的合同规定依然对双方有效并具有约束力。

不得修改或变更或豁免合同中提到的任何条件，除非采用书面形式，并由双方签字。

这份合同用阿拉伯文撰写而成。原件和复印件共四份，并将这份合同翻译成英文。

这份合同有四份，缔约方每一方两份。双方通过正式授权的代表签署此合同。

沙特农业发展公司 （埃及）	农业发展和建设项 目总局 GARPAD
合同代表人：	合同代表人：

沙特王室王子殿下　　　　马哈茂德·阿布·赛得尔
阿尔瓦利德·本·
阿卜杜勒·阿齐兹

合同附件

税收

“甲方”免去“乙方”所有的税收、酬劳等相关费用，但是不包括公司税、关税、服务费，范围包括为乙方工作的建筑公司的职员。所有这些依据法律规定。

豁免期限为20年，自开垦1万费丹的土地开始，包括灌溉系统。同时农业部门免去这些耕地20年的税。

电力和通信

根据设计要求，甲方与乙方的合作，要向乙方提供必要的配电网以满足项目的需求，这个电网全面覆盖整个运河，费用由甲方承担。

乙方承担其他国内配电网的费用。

甲方将为乙方提供持续供电，这将成为“三赢”之一，电力能够支持灌溉配水系统的运行和工业、建筑的用电。

由乙方支付电费，每千瓦小时的费用少于向在埃及的埃及人和非埃及人收取的价格。乙方有权建立和使用无线通信设施，同时有权修建无限制、无费用GPS地面服务站。

道路

甲方负责建设可以承载高密度交通的双道快线，此快线连接阿布辛贝—阿斯旺线。甲方将在指定的时间内根据乙方要求，建好这条路。

排水

乙方有权在托斯卡地下或者乙方选择的其他地区地下排放灌溉

用水和其他的水，甲方将补偿乙方，并保护乙方，不需乙方承担任何费用，比如由此可能会产生的所有的税收、诉讼、成本费和赔偿。

每一项开发必须符合与乙方签订的排水协议。

农业程序

乙方有权选择农作物的种类、品种和遗传结构。

乙方有权使用农业设备和相关设施，包括飞机。

乙方不受任何有关检疫的限制，有权进口所有物种，包括植物品种、种子和动物品种等。

甲方将交给乙方所需要的证书以及种子等级登记，可以直接进口货物，不收取任何费用。

交通和海关

甲方授予乙方以使用乙方选择的任何航空公司装载和运输出口货物的权利。在乙方装运货物时，都不会被要求向埃及航空公司或甲方缴纳任何额外费用。

甲方要保证埃及民用航空公司向乙方收取的运输费、航空运费与这一地区其他邻国规定的运输费相近。

乙方在甲方限定范围内能够获得适当的土地来在阿布辛贝、阿斯旺和开罗的机场地区以及在一个或多个海洋港口建设用于工作、包装、运输和管理的设施和机构。同样允许乙方无限制地使用（除了交通所限制的）阿布辛贝机场且免除费用（除了正常着陆费），这也适用于埃及港口设施，还允许乙方免费使用埃及公路网来运输开发项目的必需品。

乙方和甲方要与海关签订官方协议，其中包括甲方任命专员来负责乙方进口货物的报关，甲方在海关程序和给乙方提供所需的审批方面有直接职权。

住宿和服务

乙方只给行政人员、专业人士、长期的熟练技术工人提供住宿。

甲方要在对于项目发展计划时机适合的时候给民用领域的所有住户提供安全和社会服务，包括警察、医疗保健、教育、娱乐服务、清真寺、饮用水以及下水道系统。

员工事务

乙方不得以直接或间接的方式限制为其工作的外国员工人数，包括经理、技术人员、管理人员等，可以随时聘用员工。

甲方将从提交工作签证申请之日起的两周内处理好工作签证，并满足乙方其他要求。

甲方将给为乙方工作的外国员工为期 3 年的无限制的工作签证，必须在规定的时间内更新或延期。

政府对此项目的支持

阿拉伯埃及共和国政府将在制度方面最大限度地支持南谷项目。

环境

乙方将遵守阿拉伯埃及共和国环保方面相关法律法规，双方将尽最大的努力来合作保护这片土地的环境。

阿拉伯埃及共和国水资源和灌溉部 2017 年前水资源政策摘要

摘要

埃及人口已接近 6200 万人，且还在不断增加。埃及目前可用的水资源有限，这些水资源来自埃及境外，在经过数个非洲国家，穿过几千公里后到达埃及。

这种现状对未来埃及水资源有以下直接影响：

第一，灌溉农业超过了种植总面积的98%，因此要充分利用有限水资源，合理利用河水，防治水污染。

第二，其中95%的水资源来自尼罗河，尼罗河途径非洲很多国家，因此制定与流域国家共同合作计划，寻求发展共同利益。

第三，埃及人口大幅度增长，预计20世纪末人口会超过6500万人，2017年将达到9000万人。从而使得埃及从水资源丰富的时期跨越至水资源稀缺的时期，人均水量低于1000立方米/年。随着人口增加，增加的土地无法满足国内的粮食需求。

为了缩小粮食缺口，必须通过以下方面展开工作：

第一，横向扩张农业用地，进军沙漠。

第二，垂直扩展农业，通过发展新型节水型农业和实施节水科技生态治理，大力推广节水喷灌、滴灌技术，提高农田灌溉效率，通过提供良好的排水系统、优质的种子、良好的服务以及适当的施肥等措施来提高产量。

第三，开发和最大限度地利用水资源

第四，保护水资源，避免污染。

公共事务和水资源部门，为了突破水资源和土地的局限性，意识到走出峡谷和三角洲进军沙漠的必要性。这些都需要格局清晰的水资源政策，来保障满足未来可利用水资源与水需求间的缺口，其战略地位是明确的。在实际工作中，这一水资源政策最终得以实现。

简要回顾这些水政策，主要有以下几点。

1. 灌溉和农业

农业是国家经济的基础。

埃及85%的水资源用于农业灌溉。与此同时，其余的水被用于生活、工业等。当下重要的是，通过发展不同的灌溉方法，改善农业灌溉技术，提供良好的排水系统，用精选种子、良好的服务和环保的适宜的肥料来增加农业生产量，这要求：

第一，通过调整作物结构，降低农业用水量，其中主要用需水量少的甜菜来代替耗水量大的甘蔗。

第二，将稻米的种植面积减少至90万费丹，以快速成熟的作物代替当前种植作物，并将其集中种植在三角洲北部地区，从而在合理的横向农业扩张中实现节约灌溉水。

第三，通过双边或三方农业循环，根据所处地区的气候、土壤、水等条件及不同作物结构之间用水量的差异，指导埃及所有地区确定作物结构。

2. 横向发展和增加农业区，开垦荒地

根据已确定的计划，在农田扩张的战略中，包括从东南西三面开垦沙漠，将开垦340万费丹。

3. 尼罗河上游项目

尼罗河上游项目，不应该忽略技术的发展和外交方面的努力，要展开和尼罗河流域各国的合作来开发水资源。

在此，我们探讨的是研究已经完成、但苏丹南部目前的条件不允许实施的项目，具体如下：

①詹加利运河项目每年储存约70亿立方米的水。

②加扎勒海项目每年储存约70亿立方米的水。

③马查尔运河项目每年储存约40亿立方米的水。

在这些项目实施的情况下，埃及的水资源份额每年可增加180亿立方米。

4. 尼罗河与纳赛尔湖

伟大的尼罗河是农业、建筑业、工业、旅游业等行业发展的命脉。因此应该注重以下方面的工作：

第一，发展尼罗河水道、航道，改良港口，确定风向和主要分支。

第二，研究新的发展农业和旅游业的方法，前提是不影响环境和尼罗河水道。

第三，继续研究侵蚀河床的原因以及稳定河床的方法，构建河流综合管理体系。

第四，关注尼罗河的工程设施，及时更新或替换已到年限的设备。

第五，全面地研究纳赛尔湖，使其免受污染，开始开发和实施项目时，要以之前的研究为基础。

第六，研究减少纳赛尔湖湖水流失的方法。

5. 发展土地、水资源综合管理及其使用

第一，水资源位置图显示了所有水资源和水需求的位置，考虑到了地下水在灌溉和饮用上的贡献。

第二，为满足未来增长的水需求，开发所有可用的水资源，并寻找新的水资源。

第三，研究水土资源综合管理体系，研究作物结构。

第四，开发非传统水资源（农业废水、生活废水、海水淡化）。

第五，开发西奈、北岸、降雨及洪流，每年约提供15亿立方米的水。

第六，在不久的将来，在经济允许的情况下，为提供生活及工业用水，进行海水淡化，这将会成为饮用水长期发展战略，特别是在旅游业发达地区和沿海地区。

6. 可用水资源的优化利用

水资源的优化利用，保证水的质量，同时在水的使用对环境没有负面影响的情况下，实现对国民经济和社会的最大回报。

这要求在以下方面制订详细计划：

第一，减少所有河道中的水流失。

第二，发展多种农田灌溉方法。

第三，为降低水在流动中的流失，发展灌溉技术、排水系统、水道网。

第四，调整作物结构以减少农业用水量。

第五，控制污染，保护水质。

第六，在水的管理上使用高科技。

第七，培养节水意识。

第八，拓展水网络，让农民参与到水的管理上。

7. 地下水和非传统水源（农业用水、生活用水和海水淡化）

首先，拓展尼罗河谷地、三角洲及埃及南部地下水井的挖掘，以便同时利用表层水和地下水。循环使用部分地下水，使水库在水资源危机时期保证战略性储备。

其次，在未来，通过地下水管理，尽可能地使饮用水、部分家庭用水以及再利用水资源有专门的管道。特别是与农业排水管道分开。

再次，在农业排水混合政策中，为保证水质及作物产量，指导农业用水，拓展适应此种水的作物，扩大农作物的种植面积。

最后，继续研究海水淡化及其对经济的影响。

8. 在水质和环境污染方面

首先，开展防治环境污染以及保证地下水的安全的研究。水损耗不仅仅指蒸发、渗漏、浪费，还包括污染。具体包含了不同的研究，如净化工业废水或生活废水的成本。

其次，禁止生活污水排放和工业污水排放，生活废水和工业废水的排放严重污染了河道，即使治理之后，水质已经在很大程度上受到损害。然而所有水道均是相连接的，一片水域受污染，所有水域都会受到影响。

最后，加强执行灌溉、排水和污染的专项法律，特别是1984年的12号法律、1982年的48号法律和1994年的50号法律。

9. 在公共政策、组织、经济方面

①制订补充计划，落实水资源政策和战略。

②创建持续评估机制，并持续跟进。

③应对未来同行业竞争，重新组建部门和机构。

④发展综合水利工程的重要性。

⑤为确保尼罗河沿岸发展有新的空间，埃及组建新的政府机构。

⑥制定应对灾难的管理体制。

⑦由专门机构制定转移、管理、制造方面的政策。

⑧成立专门的警察机构来保护河道，免受污染。

⑨制定有关水污染的专门法律，成立水务法院。

⑩协调税务相关部门的关系。

⑪集中发展人力资源，无论是工资待遇还是员工培训。

⑫鼓励工程部的工程师学习。

⑬支持媒体机构报道水资源政策，加强宣传。

10. 灌溉和排水网络

首先，在项目处于准备、实施、运行阶段时，审查可能限制当前发展和在未来对环境产生影响的项目。

其次，重新对排水网的质量进行排查，防止水道污染。对农作物结构进行调整。

最后，发展灌溉技术、排水系统及水道网是为了更有效地运输及供应水，并将新的技术应用在灌溉项目发展中，最大限度提高效率。

11. 未来的研究领域和培训

水资源政策与战略的成功，需要研究制定合理的长期或短期规划。同时要重视专业人才的培养，以便能更好地进行水资源管理。

译者后记

这本译著能够出版，感谢甘肃政法学院丝路法学院王存河教授，他为本书的出版提供了许多宝贵的意见，感谢我的妻子汪塞飞叶女士，正是由于她默默的支持和全心付出，使我能够在工作之余，有充分的时间翻译这部作品。该译著的编辑中国社会科学出版社的范晨星老师工作认真，不辞辛苦，付出了很多的心血。在联系海外版权的过程中，出版社的刘凯琳老师也付出了很大努力，就版权问题，不断与埃及东升书局进行沟通。该译著的初稿，慕长泰同学进行了文字整理，在此表示感谢。

本译著得到甘肃政法学院的出版资助，在此表示感谢。

最后感谢在本书翻译、联系海外版权以及出版过程中提供帮助的所有家人、朋友，没有你们的帮助，本书不可能顺利出版。

杨玉鑫

2018 年 12 月 19 日